Anna Regensburg

Hybrid Friction Eutectic Bonding (HFEB) – stoffschlüssiges Fügen von Aluminium und Kupfer unter Nutzung der eutektischen Reaktion

Fertigungstechnik –
aus den Grundlagen für die Anwendung

Schriften aus der Ilmenauer Fertigungstechnik

Herausgegeben von
Univ.-Prof. Dr.-Ing. habil. Jean Pierre Bergmann
(Technische Universität Ilmenau).

Band 12

Hybrid Friction Eutectic Bonding (HFEB) – stoffschlüssiges Fügen von Aluminium und Kupfer unter Nutzung der eutektischen Reaktion

Anna Regensburg

Universitätsverlag Ilmenau
2021

Impressum

Bibliografische Information der Deutschen Nationalbibliothek
Die Deutsche Nationalbibliothek verzeichnet diese Publikation in der Deutschen Nationalbibliografie; detaillierte bibliografische Angaben sind im Internet über http://dnb.d-nb.de abrufbar.

Diese Arbeit hat der Fakultät für Maschinenbau der Technischen Universität Ilmenau als Dissertation vorgelegen.

Tag der Einreichung:	26. Oktober 2020
1. Gutachter:	Univ-Prof. Dr.-Ing. habil. Jean Pierre Bergmann (Technische Universität Ilmenau)
2. Gutachter:	Prof. Dr. Peter Plapper (Universität Luxemburg)
3. Gutachter:	Prof. Dr.-Ing. Prof. h.c. Stefan Böhm (Universität Kassel)
Tag der Verteidigung:	22. März 2021

Technische Universität Ilmenau/Universitätsbibliothek
Universitätsverlag Ilmenau
Postfach 10 05 65
98684 Ilmenau
https://www.tu-ilmenau.de/universitaetsverlag

ISSN 2199-8159
ISBN 978-3-86360-250-5 (Druckausgabe)
DOI 10.22032/dbt.50162
URN urn:nbn:de:gbv:ilm1-2021000288

Danksagung

Die vorliegende Arbeit ist während meiner Tätigkeit als wissenschaftliche Mitarbeiterin am Fachgebietes Fertigungstechnik der Technischen Universität Ilmenau entstanden. An dieser Stelle möchte ich allen beteiligten Personen meinen großen Dank aussprechen, die mich bei der Bearbeitung meiner Dissertation unterstützt haben.

Mein besonderer Dank gilt Prof. Dr.-Ing. habil. Jean Pierre Bergmann für die hervorragende Betreuung bei der Umsetzung der gesamten Arbeit. Des Weiteren möchte ich mich bei Prof. Dr.-Ing. Stefan Böhm und Prof. Dr.-Ing. Plapper für die Übernahme der Gutachten und die rege Diskussion zu den Inhalten der Arbeit bedanken.

Mein weiterer Dank gilt allen Kollegen und studentischen Mitarbeitern des Fachgebietes für die familiäre Arbeitsatmosphäre, die meine Zeit in Ilmenau unvergesslich gemacht hat. An dieser Stelle möchte ich mich insbesondere bei Dipl.-Ing. Franziska Petzoldt, M.Sc. Michael Grätzel, M.Sc. René Schürer, Dr.-Ing. Klaus Schricker, M.Sc. Tobias Benß, M.Sc. Tobias Köhler, Iris Franzke und Torsten Löhn bedanken.

Mein Dank gilt außerdem dem Bundesministerium für Wirtschaft und Energie (BMWi) für die finanzielle Förderung des AiF-Projekts „Entwickeln eines Pressschweißverfahrens zum Fügen von Kupfer mit Aluminium durch die kontrollierte Bildung eines Eutektikums" AiF-Nr. IGF 19036 BR, in dessen Rahmen der Grundstein dieser Arbeit gelegt wurde.

Abschließend möchte ich mich bei meiner Familie und meinen Freunden bedanken, die mich auf diesem Weg stets unterstützt und ihn so ermöglicht haben.

Kurzfassung

Ansätze des werkstofflichen Leichtbaus mit dem Ziel der Gewichts- und Ressourcenoptimierung in elektrischen Verbindungen haben das Fügen von Aluminium-Kupfer-Mischverbindungen zu einem stark verfolgten Forschungsschwerpunkt der letzten Jahre gemacht. Im Rahmen von Elektromobilität sowie allgemeiner Erhöhung von Komfort- und Sicherheitsstandards ergeben sich hierfür hohe Herausforderungen an die einzusetzenden Fügetechnologien. Der Zielzustand für elektrische Verbindungen besteht in großflächigen, duktilen Verbindungen mit geringem Kontaktwiderstand. Je nach Verfahren werden diese Ziele jedoch durch die Bildung spröder, intermetallischer Phasen oder erhöhte Grenzflächen- und Bauteilverformung nur zum Teil erreicht. In der vorliegenden Arbeit wurde gezielt die Bildung einer eutektischen Schmelze zwischen Aluminium und Kupfer genutzt, um den Lösungsraum zwischen Press- und Schmelzschweißverfahren zu nutzen. Während der Initialkontakt der Grenzflächen durch Fügedruck während des Rührreibpunktschweißens beschleunigt wird, findet die Vergrößerung und Benetzung der Fügefläche durch die Bildung einer eutektischen Schmelze statt. Diese bildet sich zwischen den Grundwerkstoffen, ohne dass diese in die flüssige Phase übergehen. In Abhängigkeit der Prozessführung kann der Pressschweißprozess hier erneut genutzt werden, um die Schmelze aus der Fügezone zu verdrängen. Somit kann das Erstarrungsverhalten gezielt beeinflusst werden, während sich weitere Vorteile durch den Abtransport von Einschlüssen und Verunreinigungen ergeben.

Durch eine angepasste Prozessführung können vollflächige Anbindungen in kurzer Prozesszeit von weniger als 0,5 s erzielt werden. Die Bildung weiterer Sprödphasen außerhalb des eutektischen Systems wird durch die Limitierung der Spitzentemperatur und des Energieeintrags verhindert. Zusätzlich kann die Schmelzebildung als Reduzierung des Materialwiderstands während des kraftgeregelten Prozesses detektiert und diese für weitere Prozessansätze genutzt werden. Weitere Optimierungsansätze zeigen sich beim Übertrag auf weitere Pressschweißverfahren und Bauteilgeometrien.

Abstract

Considering the current approaches on energy efficiency and electro mobility, increasing requirements on electrical assemblies require a continuous development of available manufacturing technologies. Especially joining aluminum and copper for lightweight battery assemblies and connectors has become a focus topic for industrial research. The requirements on dissimilar joints for electrical applications include the reduction of the contact resistance as well as maximization of mechanical and thermal stability. However, there are major metallurgical obstacles for conventional joining technologies. High temperatures during joining of Al-Cu are known to facilitate the growth of brittle intermetallic compounds (IMCs), which show a negative effect on the joint properties even at a few microns layer width. Otherwise, solid state welding usually requires a significant deformation at the interface and hence shows limited applicability for sensitive components. Furthermore, the lack of melt formation causes oxide and surface remnants to remain within the joint and reduce the actual contact area. Therefore, the objective of this investigation was to trigger the eutectic reaction between aluminum and copper by a friction based heat input. This novel approach between fusion and solid state welding causes a local melt formation between the solid joining partners so that a large cohesive bond area can be formed without melting the base materials. At the same time, the IMC formation can be reduced by short process times and low peak temperatures.

The applied joining force and the frictional heat input cause oxide breakup and solid state diffusion across the interface until the eutectic melt forms. The force can then also be used to displace the melt out of the joining area along with oxide fragments and further surface remnants. With an adjusted process setup, Ø 6–10 mm welds could be produced within less than 0,5 s. The formation of further IMCs outside of the eutectic composition was avoided or minimized by the low energy input and limited peak temperature. The melt formation can even be detected during the force controlled process and be used for optimizing the melt displacement. Further optimization approaches could be demonstrated by applying the concept onto resistance spot welding and connection of copper caps and aluminum stranded wire.

Inhalt

1 Einleitung

Politisch und wirtschaftlich motivierte Ansätze der Emissionsreduzierung und des Leichtbaus haben den Einsatz von Mischbauweisen zu einem Forschungsschwerpunkt im Bereich Fertigungstechnik in den letzten Jahrzehnten gemacht. Im Automobilbereich werden diese Ansätze in den letzten Jahren vor dem Hintergrund der Elektromobilität besonders stark verfolgt. Durch die zunehmende Elektrifizierung im Fahrzeug und die stetig steigende Anzahl an Sicherheits- und Komfortfeatures wird der Leichtbau neben den klassischen Karosserieanwendungen auch im Bereich des Bordnetzes vorangetrieben. So sind in einem modernen Fahrzeug, wie in Abbildung 1 veranschaulicht, bis zu 4.000 Leitungen und entsprechend zahlreiche elektrische Verbindungsstellen verbaut [ERN14], was das Bordnetz mit einem Gesamtgewicht von bis zu 60 kg zu einem der schwersten Fahrzeugkomponenten macht.

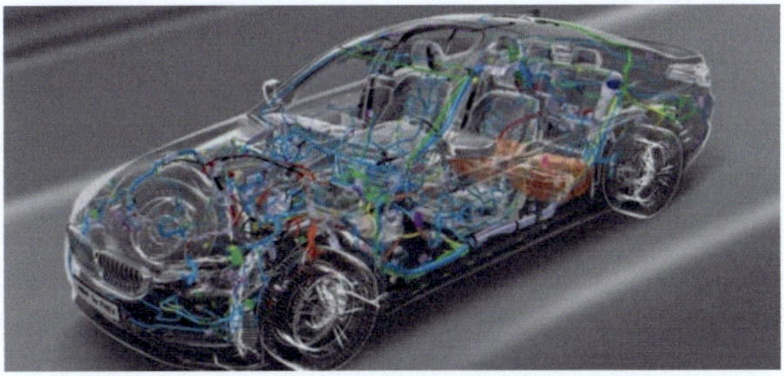

Abbildung 1: Bordnetz/Kabelbaum BMW [BAY19]

Ein hohes Potenzial der Gewichts- und Kostenreduzierung bietet an dieser Stelle werkstofflicher Leichtbau. Über die Substitution von Kupfer durch Aluminium in Form von Kabeln, aber auch weiteren Kontaktelementen können trotz höherer Leitungsquerschnitte bis zu 48 % Gewicht [HAN18] eingespart werden. Besonders im Bereich großer Litzenquerschnitte von 50 bis 150 mm² wie der Starter-Generator-Leitungen hat sich die Nutzung von Aluminium bereits seit Jahren etabliert. Jedoch neigt Aluminium bei deutlich geringeren Temperaturen als Kupfer zum Kriechen und weist allgemein eine geringere Festigkeit auf. Über die Produktlebensdauer ergibt sich somit für kraftschlüssige Verbindungen das

Risiko einer Verschlechterung der elektrischen Eigenschaften durch Kraftabbau über Temperatur und Zeit. Resultierend werden weiterführende Kontaktelemente für die Endmontage des Kabelbaums, zum Beispiel Kabelschuhe für Schraub- und Steckverbindungen, weiterhin aus Kupfer oder Kupferlegierungen gefertigt. Infolgedessen ergibt sich für zahlreiche Anwendungen der Bedarf, stoffschlüssige Verbindungen zwischen Kupfer und Aluminium in verschiedenster Geometrie von Drähten, Folienpaketen bis hin zu Hülsen, Busbars oder Kabeln herzustellen. Die Anforderungen für derartige Verbindungen sind in der Regel vergleichbar. So müssen mechanische Beanspruchungen während der Montage sowie thermische Wechseldehnungen aufgrund der unterschiedlichen Ausdehnungskoeffizienten aufgenommen werden. Des Weiteren müssen die Verbindungen signifikanten thermischen Belastungen aufgrund veränderlicher Umgebungstemperaturen standhalten. Je nach Einbausituation und Nähe zum Motor können Temperaturmaxima von mehr als 150 °C vorliegen. Darüber hinaus kann es durch die Stromübertragung zu einer zusätzlichen Erwärmung kommen, zum Beispiel wenn während des Startvorgangs kurzzeitig bis zu 600 A [BAB18] Anlasserstrom übertragen werden müssen.

Der Initialzustand der Fügeverbindungen spielt hierbei eine zentrale Rolle. Während die Grundwerkstoffe Aluminium und Kupfer hervorragende elektrische Leiter sind, können sich im Zweistoffsystem durch Diffusion spröde intermetallische Phasen mit geringer elektrischer Leitfähigkeit an der Grenzfläche bilden. Die Bildung und das Wachstum dieser Phasen kann sowohl initial durch den Fügeprozess als auch über die Lebensdauer durch fortschreitende Diffusion erfolgen. Signifikante Phasensäume führen durch ihre schlechte elektrische Leitfähigkeit zu einer Erhöhung des Kontaktwiderstandes und daraus folgend zu einem Anstieg der lokalen Temperatur, wodurch das weitere Phasenwachstum begünstigt wird. Einen weiteren Einflussfaktor stellt in diesem Zusammenhang die reale Kontaktfläche dar. Besteht diese aus zahlreichen Mikrokontakten wie in Schraub- oder Crimpverbindungen, kommt es ebenfalls zu einem erhöhten Kontaktwiderstand im Vergleich zu einer vollflächigen Anbindung, sodass das Wachstum von intermetallischen Phasen und die Bildung von Hotspots begünstigt werden. Ferner sind intermetallische Phasen in der Regel spröde, sodass thermische Wechseldehnungen an der Grenzfläche nicht aufgenommen werden können und sich Mikrorisse bilden, die

die Kontaktfläche weiter reduzieren. Oberhalb weniger Mikrometer Phasensaumdicke kann bereits nach dem Fügen eine Beeinträchtigung der mechanischen Eigenschaften erwartet werden.

Idealerweise weist die Fügeverbindung initial eine großflächige Anbindung mit maximalem stromführenden Querschnitt auf. Mittels Schmelzschweißverfahren kann dies durch die Bildung eines gemeinsamen Schmelzbades oder das Aufschmelzen eines Grundwerkstoffs realisiert werden. Hierbei kommt es jedoch zu einer mehr oder weniger unkontrollierbaren Phasenbildung, was für diese Verfahren nur vereinzelte Anwendungen, zum Beispiel bei Mikroverbindungen für Batteriepacks, zulässt. Mit Fokus auf die Minimierung der Phasenbildung können alternativ Pressschweißverfahren eingesetzt werden, sodass durch reduzierte Fügetemperaturen initial kaum nachweisbare Diffusionsbereiche entstehen. Um eine großflächige Anbindung zu erzielen, sind jedoch lange Prozesszeiten oder hohe Fügedrücke notwendig. Gleichzeitig können Pressschweißverbindungen, zum Beispiel Ultraschallschweißungen, ähnlich wie kraftschlüssige Verbindungen eine große Abweichung zwischen theoretischer und realer Kontaktfläche aufweisen, da die Verbindungsbildung in der festen Phase auf fortschreitender Diffusion ausgehend von Mikrokontakten basiert. Dieses Defizit kann durch überhöhte Umformung der Fügepartner und den Verbleib von Oxidresten in der Fügefläche verstärkt werden.

Das Ergebnis eines optimierten Fügeprozesses sollte entsprechend sein, eine großflächige Anbindung in kürzester Zeit ohne Überschreiten der Schmelztemperatur der Grundwerkstoffe zu erreichen. Aus dem Zustandsdiagramm Aluminium-Kupfer geht hervor, dass hierfür der eutektische Punkt genutzt werden kann, der circa 110 °C unterhalb der Schmelztemperatur von Aluminium liegt, sodass sich bei 548 °C und fortgeschrittener Diffusion von Kupfer in Aluminium im Gleichgewichtszustand eine Schmelze zwischen den festen Fügepartnern bildet. Dieser Effekt wurde bereits bei einzelnen Untersuchungen beobachtet, jedoch liegen keine systematischen Untersuchungen zur Bildung unter Prozessbedingungen vor. Darüber hinaus sind die kontrollierte Nutzung der Schmelzebildung für den Fügeprozess sowie die dafür notwendigen Prozessbedingungen im derzeitigen Stand der Technik nicht abgebildet. Ebenso unbekannt ist der potenzielle Einfluss der kompositartigen eutektischen Erstarrungsstruktur auf die Grenzflächeneigenschaften.

2 Stand der Technik

2.1 System Aluminium-Kupfer

2.1.1 Eigenschaften der Grundwerkstoffe

Für die Herstellung von stoffschlüssigen Mischverbindungen zwischen Aluminium und Kupfer müssen besondere werkstoffliche Randbedingungen berücksichtigt werden. Tabelle 1 zeigt einen Vergleich ausgewählter Kennwerte. Hierbei ist besonders die große Differenz der Schmelztemperaturen zu beachten, was bedeutet, dass Aluminium bereits schmelzflüssig vorliegen kann, während sich Kupfer bei gleicher Temperatur noch in festem Zustand befindet.

Tabelle 1: Eigenschaften der Grundwerkstoffe [OST07][SCH15]

Eigenschaft	Aluminium	Kupfer
Dichte in g/cm^3	2,7	8,93
Schmelzpunkt in °C	660	1083
Elektr. Leitfähigkeit in $m/\Omega mm^2$	37	57
Wärmeleitfähigkeit in W/mK	235	394
Kristallstruktur	kfz	kfz
Wärmeausdehnungskoeffizient in $10^{-6} \times 1/K$	23,5	17,7

Darüber hinaus bestehen besonders starke Unterschiede bei der Umformbarkeit der Werkstoffe bei gleicher Temperatur. An sich gilt sowohl für Aluminium als auch Kupfer aufgrund des kubisch-flächenzentrierten Kristallgitters eine gute Umformbarkeit. Diese Gitterstruktur besitzt vier Gleitebenen beziehungsweise zwölf Gleitsysteme, an denen das Versetzungsgleiten bevorzugt stattfinden kann [SCH74]. Jedoch weist Kupfer eine drei- bis vierfach höhere Fließspannung als Aluminium auf, sodass bei gleicher Temperatur eine deutlich höhere Kraft pro Fläche für eine plastische Verformung aufgebracht werden muss. Abbildung 2 und Abbildung 3 zeigen die Abhängigkeit der Fließspannungen von Temperatur und Umformgrad. Während es für Kupfer bei Raumtemperatur zu einem hohen Anfangswert der Fließspannung mit relativ geringem Anstieg kommt, weist Aluminium einen geringen Anfangswert auf, zeigt jedoch eine stärkere

Abhängigkeit vom Umformgrad. Somit kommt es bei Aluminium unter erhöhter Umformung zu Kaltverfestigung, was durch den Stau von Versetzungen ein weiteres Abgleiten derselben behindert und den Materialwiderstand erhöht. Darüber hinaus weist Aluminium eine höhere Temperaturabhängigkeit der Fließspannung auf, die bei 480 °C nur noch 20 bis 25 % des Ausgangswertes beträgt. Dies bedeutet für auf Umformung basierenden Fügeverfahren unter anderem, dass bei erhöhten Temperaturen die vergleichsweise starke Plastifizierung von Aluminium berücksichtigt werden muss. Aufgrund dessen ist für einen reibbasierten Wärmeeintrag ein gewisser Materialwiderstand aufrechtzuerhalten, um eine kontinuierliche Temperaturerhöhung durch Reibung zu ermöglichen. Reduziert sich die Fließspannung während der Erwärmung stark, kann es zu einer Schädigung des zu fügenden Bauteils durch eine Querschnittsverringerung kommen.

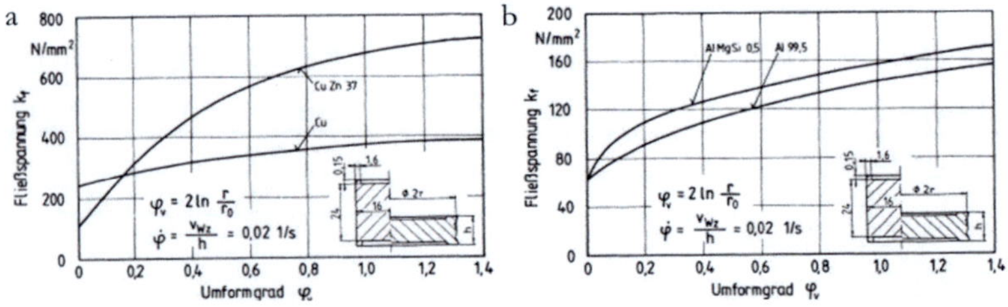

Abbildung 2: Abhängigkeit der Fließspannung vom Umformgrad für a) Kupfer und b) Aluminium [OBE90]

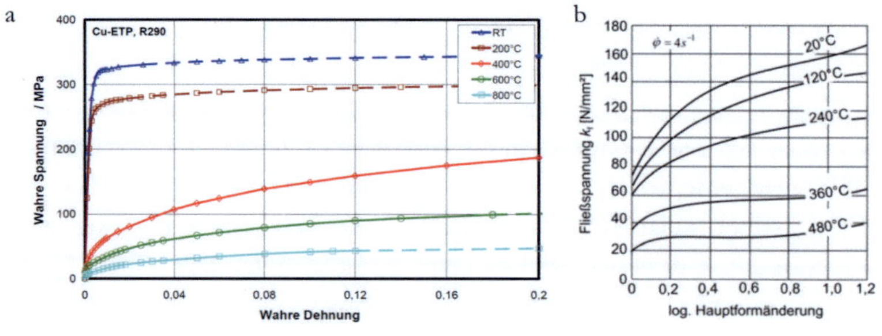

Abbildung 3: Temperaturabhängigkeit der Fließspannung von dem Umformgrad für a) Cu-ETP [MAT11] und b) Al99,5 [OST07]

Zusätzlich müssen die Eigenschaften der Oxidschicht berücksichtigt werden. Besonders Aluminium (vgl. Tabelle 2) bildet eine festhaftende Oxidschicht, die aufgrund ihrer geringen Elektronen- und Ionenleitfähigkeit passivierend wirkt. Die Schicht Al_2O_3 besteht nach der Bildung an feuchter Luft bei Raumtemperatur aus einer circa 1 bis 2 nm dicken Sperrschicht und einer 5 bis 10 nm dicken, porösen und wasserhaltigen Deckschicht. Das Wachstum der Deckschicht ist temperatur- und feuchteabhängig und bei Legierungen auf eine maximale Dicke von circa 3 µm begrenzt. Anodisiertes Aluminium weist Schichtdicken von bis zu 150 µm auf. [OST07]

Soll Aluminium stoffschlüssig artgleich oder artfremd gefügt werden, muss die Oxidschicht entsprechend aufgebrochen werden, um die Wirkung als Diffusionsbarriere aufzuheben. Aufgrund der hohen Schmelztemperatur und chemischen Beständigkeit stellt dies eine der Hauptherausforderungen für das Fügen von Aluminium dar. Darüber hinaus können Oxidfragmente je nach Fügeprozess nach Abschluss der Verbindungsbildung in der Fügezone verbleiben und eine Verringerung der realen Kontaktfläche bewirken.

Tabelle 2: Vergleich der Eigenschaften von Aluminium und Aluminiumoxid [OST07]

Eigenschaft	**Aluminium**	**Aluminiumoxid**
Dichte in g/cm^3	2,7	3,98
Schmelzpunkt in °C	660	2053
Wärmeleitfähigkeit in W/mK	235	20–30
Wärmeausdehnungskoeffizient in $10^{6} \times 1/K$	23,5	8

In Aluminium oder niedriglegierten Aluminiumlegierungen sowie Aluminium-Kupfer-Legierungen kann es beim Aufschmelzen und Erstarren außerdem zur Bildung von Heißrissen und Hohlräumen kommen. Gasporen in Aluminiumlegierungen bestehen hauptsächlich aus Wasserstoff, da dieses Element das einzige ist, das in der Schmelze eine signifikante Löslichkeit im atomaren Zustand aufweist. Die Quelle des gelösten Wasserstoffs ist in der Regel der Kontakt der Aluminiumschmelze mit Wasserdampf, Luftfeuchtigkeit oder korrosiven Medien und Verunreinigungen. Die Löslichkeit ist stark temperaturabhängig beziehungsweise abhängig von der Konzentration des Kupfergehalts in einem gemeinsamen Schmelzbad, weist jedoch einen Löslichkeitssprung beim Übergang in den festen Zustand auf, sodass sich beim

Abkühlen aus der Schmelze übersättigter Wasserstoff in Form von Poren ausscheidet [ALT13].

Zusätzlich kommt es in einem gemeinsamen Schmelzbad bei Aluminium-Kupfer-Zusammensetzungen zu Schrumpfungsporositäten durch die zeitlich zuletzt stattfindende eutektische Erstarrung zwischen über-(hyper) oder unter- beziehungsweise hypoeutektischen Dendritennetzwerken. Hierbei können durch den Dichteunterschied hohe Zugspannungen im interdendritischen Bereich entstehen. Zwischen den Dendriten ist kein weiterer Nachfluss von Schmelze möglich. Die entstehenden Porositäten weisen üblicherweise ein weitverzweigtes Netzwerk auf. Das Ausmaß der Erstarrungsschrumpfung ist unter anderem abhängig vom Kupfergehalt. Während Reinaluminium eine hohe Schwindung von bis zu 7 % [ALT13] aufweist, wird diese hin zur eutektischen Zusammensetzung auf 4,44 % und für die Phase Al_2Cu um mehr als 50 % auf 3,12 % [TAK39] reduziert.

2.1.2 Intermetallische Phasen

Als zentraler Aspekt für die Eigenschaften von stoffschlüssigen Aluminium-Kupfer-Verbindungen muss die Bildung und das Wachstum intermetallischer Phasen beachtet werden. Anhand des Zustandsdiagramms in Abbildung 4 ist zu erkennen, dass das Zweistoffsystem keine vollständige Löslichkeit der Stoffe im festen Zustand aufweist. Aluminium kann im Kupfergitter in einer signifikant kleineren Konzentration gelöst werden als Kupfer im Aluminiumgitter, dazwischen kommt es zur Bildung von Überstrukturen. Neben dieser Mischungslücke mit zahlreichen Zwischenphasen tritt ein Eutektikum bei circa 33 Gewichtsprozent Kupfer auf, wobei die Schmelztemperatur zwischen den Zweiphasengebieten am eutektischen Punkt um mehr als 100 °C unterhalb der Schmelztemperatur von Aluminium liegt. Bildet sich ein lokales, gemeinsames Schmelzbad zwischen den artfremden Grundwerkstoffen, können sich in Abhängigkeit von Temperatur und Zeit verschiedene intermetallische Phasen und Mischungsbereiche mehr oder weniger unkontrolliert während der Erstarrung bilden. Die konkreten Anteile und Bildungsmechanismen können im Vergleich zum Phasendiagramm jedoch stark abweichen, da in den eingesetzten Fertigungsprozessen keine isotherme Abkühlung, sondern oftmals hohe Aufheiz- und Abkühlraten vorliegen.

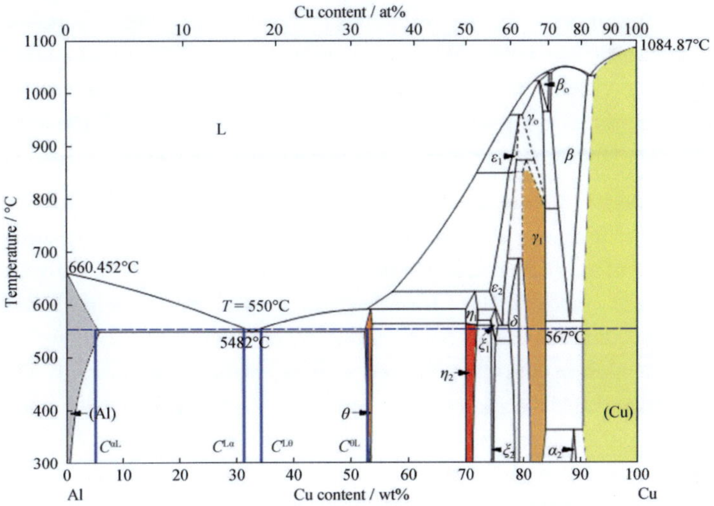

Abbildung 4: Aluminium-Kupfer-Zustandsdiagramm mit Kennzeichnung der relevantesten intermetallischen Phasen [HAN15]

Bei der Bildung intermetallischer Phasen während der Erstarrung entstehen Verbindungen mit der allgemeinen Form A_xB_y (x, y = 1, 2, 3 …). Diese können in ihrem von der Gitterstruktur des Grundwerkstoffs abweichenden Gitter entweder Atome der Stoffe A oder B lösen. Es liegt entsprechend ein Konzentrationsbereich vor oder die Phase bildet sich nur bei einer bestimmten Konzentration. [SCH78]

Grund für die Bildung der intermetallischen Phasen sind starke Anziehungskräfte zwischen den beiden Atomsorten der Grundwerkstoffe. Diese sind größer als die Kräfte, die zur Bildung von anderen Überstrukturen führen, da neben metallischen Bindungsarten weitere chemische Bindungsarten wie kovalente und ionische Bindung wirken [BAR12]. Die konkrete Zusammensetzung der sich bildenden Phasen hängt dabei von verschiedenen Faktoren ab: dem relativen Atomradius, der Valenz und der Elektronegativität. Ist der Unterschied der Atomradien zum Beispiel 1,1 bis 1,6, können sich sogenannte Laves-Phasen bilden, in deren Gittern sich die verschiedenen Atome maximal effektiv anordnen können. Die Valenz hingegen ist ausschlaggebend für die Bildung von α- und β-Messing, da hier die freie Energie des Systems abhängig von der Anzahl der Valenzelektronen ist. Die Elektronegativität hingegen bestimmt, ob es in einem System zu einer Ionenbindung beziehungsweise ionischen Bindungsanteilen kommt [POR92]. Durch die Überlagerung der metallischen Bindung durch Kovalenten- und Ionenbindungsanteile entstehen komplexe, stöchiometrische Gitterstrukturen mit mehreren Hundert Atomen pro Elementarzelle [BAR12].

Die technologisch bevorzugten Eigenschaften von Metallen wie Duktilität und elektrische Leitfähigkeit werden jedoch maßgeblich durch die frei beweglichen Elektronen und möglichen Gleitebenen im Metallgitter bestimmt. Daher kommt es durch die zusätzlichen Bindungsanteile zu einer Behinderung des Versetzungswanderns, das für Verformungsmechanismen benötigt wird [ILS16]. Die entstehenden homogenen Phasen weisen entsprechend eine im Vergleich zum Grundwerkstoff stark erhöhte Sprödigkeit, Härte und eine verringerte elektrische Leitfähigkeit auf. Neben der erhöhten mechanischen Stabilität sind sie außerdem durch höhere Schmelzpunkte gekennzeichnet und bilden entsprechend unbewegliche Schichten oder Bereiche zwischen den Grundwerkstoffen. Da Kupfer einen um circa 25 % niedrigeren Wärmeausdehnungs-koeffizienten als Aluminium aufweist, kommt es somit bereits beim Erstarren von Schmelzschweißverbindungen zu thermisch induzierten Spannungen. Diese können von spröden Zwischenschichten nicht aufgenommen werden, sodass es bei vorhandener Phasenbildung während der Abkühlung zu einer Vorschädigung an der Grenzfläche durch Rissbildung und lokaler Ablösung des Fügebereichs kommen kann.

Diese Schädigungsmechanismen sind jedoch unter anderem von der konkreten Phasenzusammensetzung und -dicke abhängig, da die spezifischen Eigenschaften variieren, wie in Tabelle 3 zu erkennen ist.

Tabelle 3: Intermetallische Phasen im System Al-Cu [PFE15] [KOU13][XU+11]

<table>
<tr><th colspan="2">Phase</th><th>Cu in Atom-%</th><th>HV5 in kgf/mm²</th><th>Dichte in g/cm³</th><th>Kristall-struktur</th><th>Spez. elektr. Widerstand in µΩcm</th><th>Q_v in eV</th><th>E-Modul in GPa</th></tr>
<tr><td>Al</td><td></td><td>0–2,84</td><td>20–50</td><td>2,7</td><td>kfz</td><td>2,78</td><td>-</td><td>-</td></tr>
<tr><td>Al_2Cu</td><td>θ</td><td>31,9–33</td><td>324</td><td>4,36</td><td>tetragonal</td><td>8</td><td>1,32</td><td>123,5</td></tr>
<tr><td>AlCu</td><td>η_2</td><td>49,8–52,3</td><td>628</td><td>2,7</td><td>monoklin</td><td>11,4</td><td>1,54</td><td rowspan="2">180,2</td></tr>
<tr><td>Al_3Cu_4</td><td>ζ_2</td><td>55,2–56,3</td><td>616</td><td>k. A.</td><td>orthorhombisch</td><td>12,2</td><td>2,39</td></tr>
<tr><td>Al_2Cu_3</td><td>δ_2</td><td>59,3–61,9</td><td>558</td><td>k. A.</td><td>trigonal</td><td>13,4</td><td>1,43</td><td>174,4</td></tr>
<tr><td>Al_4Cu_9</td><td>γ_2</td><td>62,5–69</td><td>549</td><td>6,85</td><td>kubisch</td><td>14,2</td><td>1,41</td><td>186,8</td></tr>
<tr><td>Cu</td><td></td><td>80,3–100</td><td>60–100</td><td>8,93</td><td>kfz</td><td>1,78</td><td>-</td><td>-</td></tr>
</table>

Mit Werten größer als 400 HV sind besonders Zusammensetzungen wie AlCu und Al_4Cu_9 als potenziell beeinträchtigend für die Verbindungseigenschaften hervorzuheben. In elektrischen Verbindungen kann es durch den bis zu achtfach höheren spezifischen Widerstand dieser Phasen außerdem zu einer Erhöhung des Kontaktwiderstands der Verbindung durch lokale Erwärmung und fortschreitendes Phasenwachstum kommen.

In der Literatur werden für die Beurteilung des Einflusses auf die Verbindungseigenschaften verbreitet Werte für die Gesamtphasendicke angegeben, ab der es zu einer Verschlechterung der mechanischen oder elektrischen Eigenschaften kommt. Diese Gesamtphasendicke kann initial vorliegen oder wird durch die thermische Auslagerung von Pressschweiß-, Schraub- oder Galvanikverbindungen analysiert. Es liegen hierbei kaum Untersuchungen mit Auslagerungstemperaturen von unter 100 °C vor, da bei dieser Temperatur kaum Veränderungen der Grenzfläche zu beobachten sind. Nach Abbasi et al. [ABB01] ist ein temperaturabhängiges Phasenwachstum frühestens ab 120 °C zu erwarten. Pelzer et al. [PEL14] stellten bei Aluminium-Kupfer-Bondverbindungen bei einer Auslagerungstemperatur von 150 °C auch nach 1.000 h keine Phasendicke größer als 1 µm fest. Eine Abschätzung des Wachstums der Gesamtphasendicke zeigt erst ab 175 °C signifikante Anstiege.

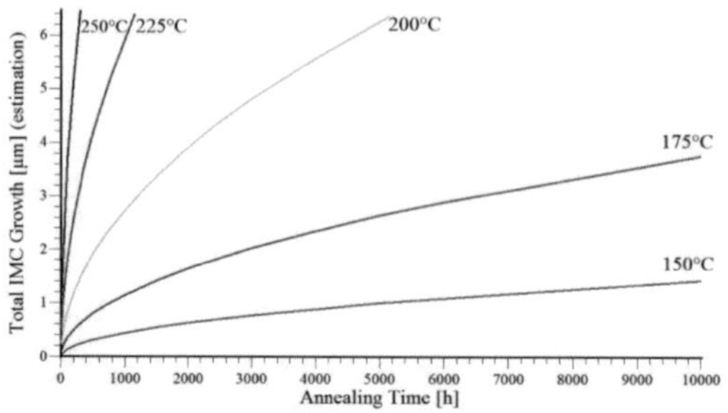

Abbildung 5: Abschätzung des Gesamtphasenwachstums für verschiedene Auslagerungstemperaturen an Bondverbindungen [PEL14]

In Untersuchungen von Abbasi et al.[ABB01] an durch Walzplattieren hergestellten Proben wurde eine für das Versagensverhalten kritische Gesamtphasendicke von 2,5 µm bei einer Auslagerungstemperatur von 250 °C bereits nach 200 h erreicht, wobei es zu einer Widerstandserhöhung von 4 % kam. Als Bewertungskriterium wurde der Übergang von duktilem zu sprödem Versagensverhalten sowie einer Reduzierung der Trennkraft um mehr als 50 % definiert. Wallach und Davies [WAL77] wiesen an kaltgewalzten Proben eine kritische Phasendicke von 2 µm für eine signifikante Reduzierung der Schlagzähigkeit nach, wobei eine thermische Wechselbeanspruchung zwischen 150 und 400 °C zu einer stärkeren Verschlechterung der mechanischen Eigenschaften führte als eine kontinuierliche Auslagerung bei 300 bis 500 °C. Es ist davon auszugehen, dass dieser Effekt durch die erhöhte Anzahl an thermisch induzierten Spannungswechseln entsteht, die durch die spröde Zwischenschicht nicht aufgenommen werden können. Hug et al. [HUG11] stellten an ausgelagerten (2 h, 300 °C) plattierten Dünndrahtbonds ebenso einen Maximalwert von 2 µm fest sowie eine zusätzliche Verschlechterung des Versagensverhaltens durch Kirkendall-Defekte im Kupfergrundwerkstoff [HUG11]. Letzterer Effekt wurde bereits zuvor durch Peng et al. [PEN99] beschrieben. Da Kupfer schneller in Aluminium diffundiert als umgekehrt, findet während fortschreitender Diffusion eine Verschiebung der ursprünglichen Kontaktfläche hin zum Kupfergrundwerkstoff statt. Hierbei bilden sich hohe Leerstellenkonzentrationen, die sich im weiteren Verlauf zu Poren beziehungsweise Kirkendall-Löchern agglomerieren.

Braunovic et al. [BRA94] stellten bei reibgeschweißten Proben eine stärkere Phasenbildung bei einer Widerstandserwärmung mit Stromstärken zwischen 400 bis 1.000 A als bei einer Wärmebehandlung im Ofen fest. Es ist davon auszugehen, dass signifikante Stromstärken eine Verstärkung der Diffusionseffekte an der Grenzfläche durch Elektromigration hervorrufen. So wurde durch Solchenbach et al. [SOL14] eine deutliche Veränderung des Phasenwachstums in Abhängigkeit der Polung bei lasergelöteten Kontakten bei 200 A Gleichstrom ermittelt. Zusammenfassend sind für die Verschlechterung der Verbindungseigenschaften bereits wenige Mikrometer durch Festphasendiffusion entstandene Phasensaumbreite als qualitativ kritisch einzustufen. Durch die Versprödung der Grenzfläche können thermische Wechseldehnungen nicht mehr ausreichend übertragen werden. Es bilden sich Mikrorisse, die die Kontaktfläche reduzieren und entsprechend den Kontaktwiderstand erhöhen. Die Reihenfolge, in der sich die verschiedenen Phasen bilden und der Einfluss auf die mechanischen Eigenschaften sind in wenigen Untersuchungen dokumentiert. Es sind dabei signifikante Unterschiede in Abhängigkeit des Initialzustands der Verbindung festzustellen. Oftmals werden walzplattierte Verbindungen oder durch Sputtern aufgebrachte Dünnschichten untersucht. Hier bilden sich während thermischer Auslagerung gleichmäßige, laminare Schichten an der Grenzfläche, wohingegen es beispielsweise bei Schmelzschweißverbindungen zu unregelmäßigen Schichtformen kommt, da die Phasenbildung von Schmelzekonvektion und signifikanten Temperaturgradienten in der Fügezone beeinflusst wird. Tendenziell werden in Fügeverbindungen in der Regel nur Al_2Cu (θ), AlCu (η) und Al_4Cu_9 (γ) nachgewiesen. Im Gegensatz dazu können die langsam wachsenden Phasen Al_3Cu_4 (ζ) und Al_2Cu_3 (δ) unabhängig vom Herstellungsverfahren selten nachgewiesen werden [PFE15]. Hierbei bestehen außerdem, wie in Abbildung 6 [KOU13] dargestellt, Herausforderungen in der optischen Abgrenzung der einzelnen Phasen, die in Bauteilen mit geringer Gesamtphasenbreite oftmals lichtmikroskopisch nicht möglich ist. Aus Abbildung 6 geht ebenfalls hervor, dass keine klare Abgrenzung zwischen Al_4Cu_9 (γ) und Al_2Cu_3 (δ) besteht, deren Grenzfläche nur durch einige Kontaminationen erkennbar ist. Gleichzeitig zeigt der Rand des Diffusionsbereichs in Abbildung 6 (links) die Position der ursprünglichen Grenzfläche im Bereich der Al_2Cu_3-Phase.

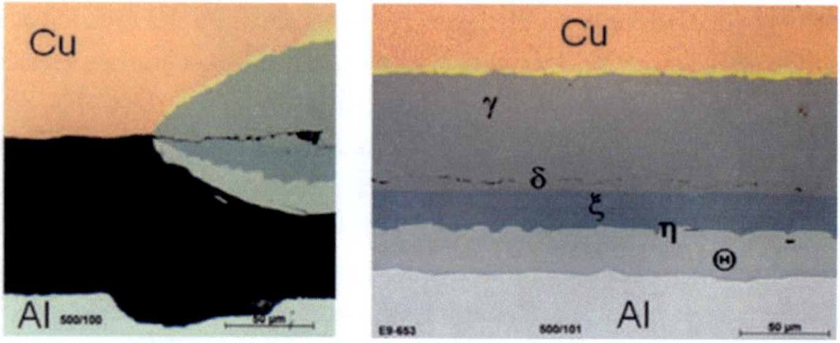

Abbildung 6: Zustandsdiagramm und Aufnahmen der Grenzfläche nach dem Altern bei 500 °C, 100 h im Vakuum [KOU13]

Chen et al. [CHE06] konnten an walzplattierten Verbindungen nach einer Auslagerung bei 300 °C über 30 min Al_2Cu- und Al_4Cu_9-Phasensäume feststellen. Wie bereits durch Jiang [JIA93] berichtet, wurde festgestellt, dass sich zunächst die Al_2Cu-Phase bildet und diese im weiteren Verlauf in Al_4Cu_9 umgewandelt wird. Die Risseinleitung und der Rissfortschritt finden, wie in Abbildung 7 ersichtlich, im Wesentlichen zwischen diesen beiden Phasen statt. Bei höherer Auslagerungstemperatur von 500 °C bilden sich zwischen Al_4Cu_9 und Al_2Cu zwei weitere Phasen AlCu und Al_3Cu_4. In diesem Zustand kommt es zusätzlich zur Rissbildung zum Ablösen von Fragmenten. Die Trennebene ist jedoch hauptsächlich zwischen Al_2Cu und den kupferreicheren Phasen sowie innerhalb der kupferreichen Phasen zu finden. Analysen zum Bruchverhalten [KOU13] der Phasen an bei 225 bis 500 °C ausgelagerten Dünnschichtproben belegen ebenfalls eine Delamination der Gesamtschicht im Übergangsbereich zwischen Al_4Cu_9 und Kupfermischkristall. Auch für lasergeschweißte Verbindungen konnte trotz unregelmäßiger Phasensaumbildung in Untersuchungen von Schmalen et al. [SCH18] die bevorzugte Rissbildung im Bereich der kupferreichen Phasen gezeigt werden.

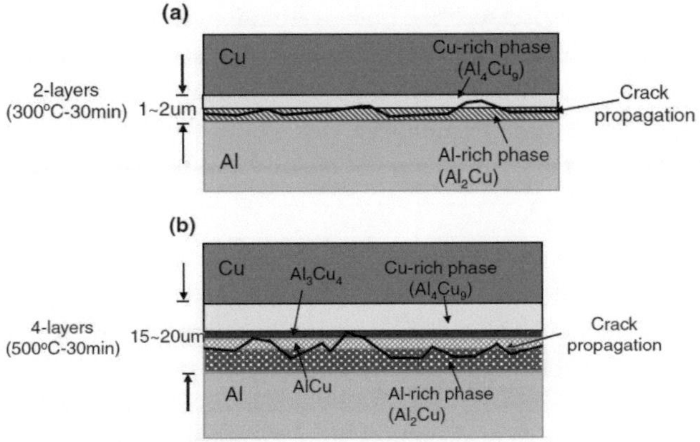

Abbildung 7: Schematische Darstellung des Rissfortschritts in Abhängigkeit der Auslagerungstemperatur [CHE06]

Insgesamt lässt sich eine konkrete risseinleitende beziehungsweise verbindungsschädigende Wirkung keiner bestimmten Phase zuweisen. Stattdessen kann festgehalten werden, dass lediglich der Al_2Cu-Phase in keiner Untersuchung eine maßgebende Rolle bei der Verschlechterung der mechanischen Eigenschaften zugewiesen wird. Für die Erzielung einer duktilen Verbindung ist es entsprechend ausschlaggebend, die Bildung der Phasen mit $\geq$ 50 Gewichtsprozent Kupfer durch niedrige Fügetemperaturen und/oder kurze Fügezeiten zu verhindern. Gleichzeitig muss ein Mindestdiffusionsbereich erzeugt werden, um eine stoffschlüssige Anbindung zu erzeugen, die nicht nur auf adhäsiven Mikrokontakten basiert.

Durch hohe spezifische Widerstandswerte im Vergleich zum Grundwerkstoff kann die Präsenz von intermetallischen Phasen neben einer Verschlechterung der mechanischen Eigenschaften zu einer Erhöhung des Kontaktwiderstands und daraus resultierend zu einer Temperaturerhöhung unter Bestromung führen. Eine Erhöhung der Temperatur begünstigt wiederum ein weiter fortschreitendes Phasenwachstum. In Wechselwirkung mit einer mechanisch bedingten Verkleinerung der Kontaktfläche führt dieser Zyklus zum Ausfall der Verbindung. Diese Effekte sind im Wesentlichen abhängig von der Schichtdicke der Phasen, dem stromführenden Querschnitt, der Betriebstemperatur und der Höhe der elektrischen Last. In Untersuchungen von Petzoldt et al. [PET13] konnte an ultraschallgeschweißten Folienverbindungen nach 2.880 h bei 155 °C eine Widerstandserhöhung von 3,4 % bei einer Gesamtphasendicke von 1,8 µm ermittelt werden. In Vergleichsuntersuchungen an Diffusionsschweißungen konnte bis zu einer Phasensaumdicke von 44 µm darüber hinaus ein direkter Zusammenhang mit der Erhöhung des elektrischen Widerstands nachgewiesen werden.

Pfeifer [PFE15] stellte an durch PVD/CVD hergestellten Proben eine Erhöhung des elektrischen Widerstands der intermetallischen Phasen mit steigendem Kupferanteil fest. Auf Basis der Messwerte ist im Langzeitverhalten bei dünnen, flächigen Phasensäumen jedoch nur von einer geringen Gesamtwiderstandserhöhung im Verbindungsbereich auszugehen. An bei 90 und 200 °C gealterten Proben über einen Zeitraum von 1 bis 50 Jahren gehen theoretische Berechnungen davon aus, dass der Einfluss intermetallischer Phasen auf die Widerstandsveränderung mit steigendem Radius der Mikrokontakte abnimmt und für große, flächige Verbindungsquerschnitte praktisch vernachlässigbar wird [PFE15]. Trotzdem zeigten die Untersuchungen an Schraubkontakten ohne Zwischenschicht ein frühes Versagen der Verbindungen durch eine starke Widerstandserhöhung, jedoch ohne ein Unterschreiten der Mindestverbindungskraft. Eine Alterung durch Kraftabbau wurde daher ausgeschlossen. An der Grenzfläche konnte jedoch für keine der verschiedenen Auslagerungsszenarien die Bildung intermetallischer Phasen nachgewiesen werden. Ausgehend davon wurde postuliert, dass die Alterung von geschraubten Aluminium-Kupfer-Verbindungen, deren Verbindung wesentlich auf Mikrokontakten beruht, durch Oxidation und das Einwachsen von Oxidschichten in den Verbindungsbereich dominiert wird. Reske [RES15] konnte bei einer Auslagerung von ultraschallgeschweißten Verbindungen von 85 mm² Aluminiumlitzen und Kupferkontakten unter maximal 85 °C (durch 250 A Gleichstrom erzeugt) und 120 Temperaturwechselzyklen keine Veränderung des Verbindungswiderstandes und nur geringe Phasensäume von maximal 2 µm feststellen.

Zusammenfassend kann abgeleitet werden, dass geringe Phasensäume < 5 µm nur einen geringen Einfluss auf den Kontaktwiderstand aufweisen. Zahlreiche Untersuchungen basieren jedoch auf kleinen Fügequerschnitten oder Dünnschichten. Bauteil- und verfahrensabhängig muss vor allem die

Wechselwirkung mit den mechanischen Eigenschaften berücksichtigt werden. So können thermische Spannungen während des Abkühlens aus dem Fügeprozess oder thermische Wechsellasten im Betrieb zu lokalem Versagen zwischen den Phasen führen. Dies kann in Form von Mikrorissen und lokaler Fragmentierung an der Grenzfläche erfolgen. Die Reduzierung der realen Kontaktfläche führt unabhängig von der elektrischen Leitfähigkeit des Phasensaums zu einer Erhöhung des Kontaktwiderstands der Gesamtverbindung. Der daraus folgende Zyklus aus Phasenwachstum, Temperaturerhöhung und fortschreitender mechanischer Degradation kann lediglich durch eine großflächige Initialanbindung mit minimalem Übergangsbereich zwischen Aluminium und Kupfer verhindert werden.

2.2 Fügen oberhalb der Liquidustemperatur

Bei dem Einsatz konventioneller Schweißverfahren findet die Verbindungsbildung über die Bildung eines gemeinsamen Schmelzbades und die resultierende Durchmischung der Grundwerkstoffe in flüssigem Zustand statt. Dies führt zu werkstofflich relevanten Vorgängen an der Grenzfläche sowie zu prozesstechnischen Besonderheiten, die gerade für das stoffschlüssige Fügen von Mischverbindungen berücksichtigt werden müssen. Abbildung 8 zeigt die Einteilung der Fügeverfahren. Schmelzschweißverfahren (vgl. Abbildung 9) nutzen verschiedene Arten des Energieeintrags, um einen oder beide Grundwerkstoffe in der Fügezone aufzuschmelzen und mit oder ohne Zusatzwerkstoff stoffschlüssig zu verbinden. Es ist kein zusätzliches Aufbringen einer Fügekraft notwendig.

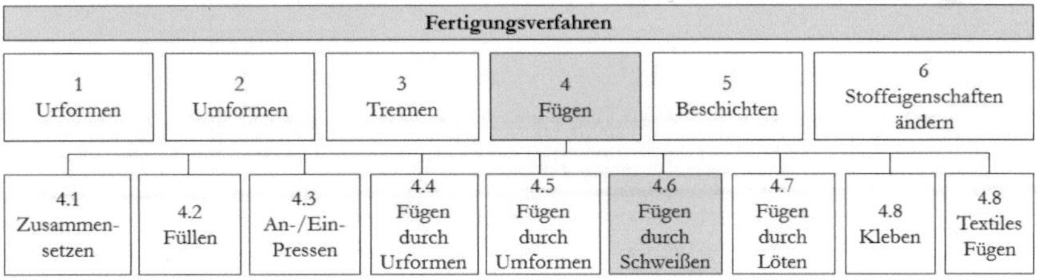

Abbildung 8: Einteilung der Fügeverfahren nach DIN 8593

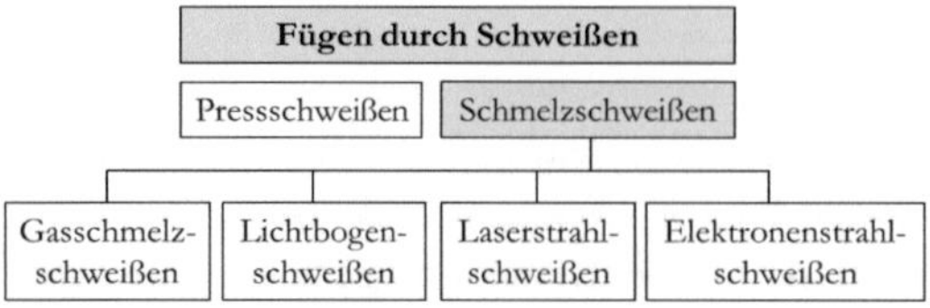

Abbildung 9: Einteilung der Schmelzschweißverfahren in Anlehnung an DIN 8593

2.2.1 Strahlverfahren

Für das Herstellen von Mischverbindungen durch Lichtbogenverfahren kommen aufgrund des hohen Schmelzbadvolumens und Energieeintrags bevorzugt energiereduzierte Verfahren infrage. Ansonsten wird bei dem Aufschmelzen großer Kupfervolumenanteile eine hohe Materialdurchmischung erreicht, die mit der Bildung signifikanter Phasensäume einhergeht. Feng et al. [FEN15] konnten durch den Einsatz des CMT-Prozesses für 1 mm Aluminium-Kupfer-Überlappverbindungen 75 % der Grundfestigkeit des Aluminiumwerkstoffs erreichen. Die resultierende Verbindungszone bestand hierbei aus block- bis dendritenförmigen Al_2Cu-Ausscheidungen sowie einer eutektischen Erstarrungsstruktur. Cai et al. [16] nutzten einen CMT-Prozess und AA4043-Zusatzwerkstoff. Im Bereich des aufgeschmolzenen Materials konnte eine signifikante Phasenbildung von dünnen AlCu-Schichten, Al_2Cu-Bereichen sowie hyper- und hypoeutektischen Erstarrungsbereichen festgestellt werden. Das Versagen im Zugversuch fand jedoch durch sprödes Versagen im Übergangsbereich von AlCu und Al_2Cu statt.

Im Vergleich zu Lichtbogenverfahren bieten Laserstrahlverfahren deutliche Vorteile und werden daher häufiger untersucht. Durch den sehr lokalisierten Energieeintrag kann die Materialdurchmischung in der Fügezone reduziert werden, während die hohen Abkühlgeschwindigkeiten die Bildung und das Wachstum von intermetallischen Phasensäumen beschränken. Es bestehen jedoch Herausforderungen in der Prozessstabilisierung, da beide Werkstoffe eine hohe thermische Leitfähigkeit und Einschränkungen in der Absorption typisch genutzter Wellenlängen aufweisen. Aufgrund der hohen lokalen Spitzentemperaturen kommt es außerdem trotz kurzer Prozesszeiten in klassischer Stoßkonfiguration zu einer ausgeprägten Phasen-, Poren- und Rissbildung in der Schweißung [WEB15][XUE14].

Ansätze zur Reduzierung dieser bestehen in der Reduzierung des Kupferanteils in der Naht durch den Einsatz hochbrillianter Strahlquellen mit minimaler Nahtbreite [STA10], Strahlversatz [MAI04], Pulsmodulation sowie durch den Einsatz von Zusatzmaterial oder Zwischenelementen [HOL17]. Ziel der Untersuchungen ist es, entweder den Anteil an Kupferschmelze oder die Energiedichte beziehungsweise Spitzentemperaturen im Schmelzbad zu reduzieren. Leitz [LEI15] analysierte den Einfluss der Prozesseinflussgrößen bei Aluminium-Kupfer-Überlappverbindungen in verschiedenen Kombinationen von Blechstärke und Positionierung in Bezug zur Strahlquelle. Hierbei wurde mit Kupfer als oberem Fügepartner, wie in Abbildung 10 dargestellt, eine starke Durchmischung in der Schmelze mit einem hohen Anteil an Phasenbildung und Poren beobachtet.

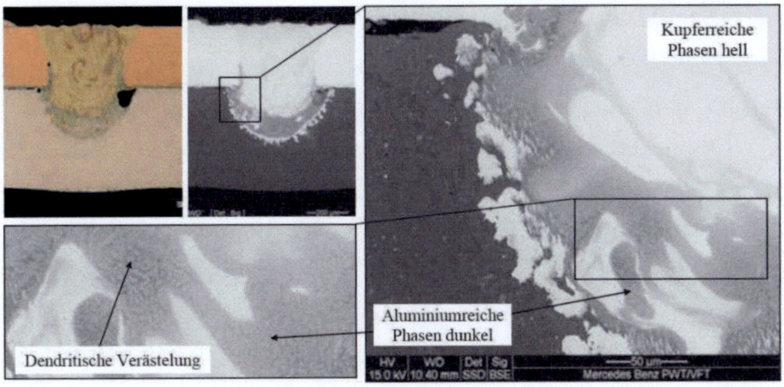

Abbildung 10: Werkstoffdurchmischung beim Laserstrahlschweißen von Aluminium (unten)/Kupfer (oben) [LEI15]

Zusätzlich kommt es zu einer Aufhärtung der Schweißnaht aufgrund des höheren Anteils kupferreicher Phasen. Bei hoher Einschweißtiefe wurde darüber hinaus ein verstärkter Materialtransport von Aluminium in den oberen Bereich des Schmelzbades durch einen dichtebezogenen Volumenstrom von schmelzflüssigem Kupfer in das untere Blech beobachtet. Ein ähnlicher Effekt ergibt sich bei hohen Vorschubgeschwindigkeiten, was mit der stärkeren Neigung der Dampfkapillare und der entsprechend erhöhten Längsausdehnung des Schmelzbades begründet wird. Xue et al. [XUE13] stellten durch Simulation des Wärmefelds eine gleichmäßigere Schmelzbadausbildung und eine

Verringerung eines übermäßigen Aufschmelzens des Aluminiums bei der Positionierung von Kupfer als oberem Fügepartner fest. Darüber hinaus wurde dabei eine stärker konvexe Ausprägung der aluminiumseitigen Übergangszone durch die erhöhte Schmelzekonvektion beobachtet.

In Stumpfstoßkonfiguration kann Strahlpendelung genutzt werden, um eine Stabilsierung des Schweißprozesses bezüglich Einschweißtiefe und Porenbildung zu erreichen. Fetzer et al. [FET16] konnten auf diese Weise eine Verringerung der Einschweißtiefe, eine Reduzierung der Materialdurchmischung sowie eine Verbreiterung der Naht erzielen. Ähnliche Ergebnisse werden mit vergleichsweise geringer benötigter Laserleistung durch die Nutzung des Wobbling-Effekts erzielt [WAL16]. Kraetzsch et al. [KRA11] konnten durch Strahloszillation eine Erhöhung der Durchmischung erreichen, sie stellten jedoch auch eine signifikante Erhöhung der Porenbildung fest. Ohne Strahlpendelung konnten bei einem Spotdurchmesser von 40 µm reduzierte Phasensaumdicken mit eutektischer Struktur erreicht werden.

Eine weitere Möglichkeit, die Materialdurchmischung zu reduzieren, besteht darin, durch geeignete Prozessführung kein gemeinsames Schmelzbad zuzulassen. Dadurch wird beim Laserlöten nur das obere Aluminiumblech aufgeschmolzen beziehungsweise das Einkoppeln in das Kupferblech minimiert, sodass es lediglich zu einer Benetzung des Kupfers kommt. Durch die stark reduzierte Durchmischung der Werkstoffe konnte die Phasenbildung durch Solchenbach et al. [SOL14] auf 3,2 µm reduziert werden, sodass niedrige Kontaktwiderstände bei hoher Scherfestigkeit erreicht werden können (vgl. Abbildung 11).

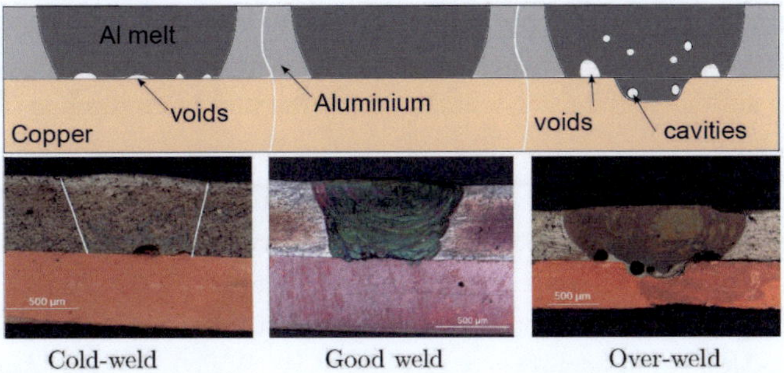

Abbildung 11: Ausprägung der Fügezone mit verschiedenem Energieeintrag [SOL14]

Schmalen und Plapper [SCH16] analysierten das Verhältnis der Trennkraft und Härte im Schmelzbereich an lasergelöteten Aluminium-Kupfer-Proben. Hierbei wurde eine mittlere Härte von 350 HV im Schmelzbereich als Maß für Gutteile ermittelt. Höhere Werte führten zu geringen Trennkräften und hohen elektrischen Widerstandswerten. Bezüglich der intermetallischen Phasenbildung sowie den Anforderungen an die Werkstück- und Strahlpositionierung zeigt der Ansatz des Laserlötens im Vergleich signifikante Vorteile. Weitere Optimierungen bezüglich Duktilität und Phasenbildung konnten nur durch Zusatzwerkstoffe und in der Anwendung begrenzte Sonderverfahren erreicht werden.

Hailat et al. [HAI12] konnten durch das Einlegen einer Zinnfolie beim Schweißen von 0,5 mm dicken Blechen eine Erhöhung der Zugfestigkeit und Bruchdehnung sowie eine gleichmäßigere Elementverteilung in der Fügezone erreichen. Ebenso kann ein walzplattiertes Al-Cu-Insert als Zwischenschicht genutzt werden. So können über die Schweißverbindungen an den gleichartigen Grenzflächen die Maximaltemperatur und Phasenbildung am Werkstoffübergang minimal gehalten werden [HOF14][SCH15]. Weigl et al. [WEI11] erreichten durch drahtförmigen AlSi12-Zusatzwerkstoff eine bessere Fließfähigkeit der Schmelze, wodurch eine höhere Vermischung mit den Grundwerkstoffen und resultierend daraus eine höhere Duktilität der Verbindungen trotz Bildung intermetallischer Phasen erreicht wurden. Wang et al. [WAN15] konnten die Bildung intermetallischer Phasen an der Grenzfläche durch das Fügen mittels Laserschockschweißen signifikant verringern, da das

Wirkprinzip dem Magnetimpulsschweißen ähnelt und die Verbindungsbildung auf Umformung basiert. Dasselbe Prinzip kann nach Wang et al. [WAN17][2] außerdem auf die Verbindung von Einzeldrähten und Dünnblechen übertragen werden.

Es lässt sich festhalten, dass eine Reduzierung der intermetallischen Phasensäume sowie Poren- und Rissbildung beim Laserstrahlfügen durch die Lokalisierung des Energieeintrags oder Begrenzung desselben auf den Aluminiumgrundwerkstoff erreicht werden kann, aber zum Teil mit hohem Kosten- oder Positionieraufwand verbunden ist. Weiterführende Ansätze mit Zwischenschichten sowie der Erzeugung von Schockwellen können auf Basis des Wirkmechanismus eher den Löt- und Pressschweißverfahren zugeordnet werden. Gerade für kleine oder dünnwandige Fügegeometrien lassen sich durch Laserstrahlschweißen jedoch gute Ergebnisse erzielen, da beispielsweise für Zellverbinderanwendungen niedrigere mechanische und thermische Feldlasten als zum Beispiel für Massivkontakte in Hochstromanwendungen zu erwarten sind.

Durch ein weiter reduziertes Schmelzbadvolumen gegenüber dem Laserstrahlschweißen bietet das Elektronenstrahlschweißen ebenfalls Vorteile, um Aluminium und Kupfer in kurzer Prozesszeit und mit geringem Gesamtwärmeeintrag zu fügen. Es müssen jedoch hohe Anforderungen im Bereich von Anlagentechnik sowie Vorbereitung und Positionierung der Fügepartner berücksichtigt werden. Otten et al. [OTT16] untersuchten den Einfluss der intermetallischen Phasen in elektronenstrahlgeschweißten Aluminium-Kupfer-Stumpfstoßverbindungen auf die erreichbare Zugfestigkeit. Die höchste Zugfestigkeit sowie ein vergleichsweise geringer Durchmischungsbereich wurden bei einem Strahlversatz von 0,4 mm in den Aluminiumwerkstoff erreicht (vgl. Abbildung 12).

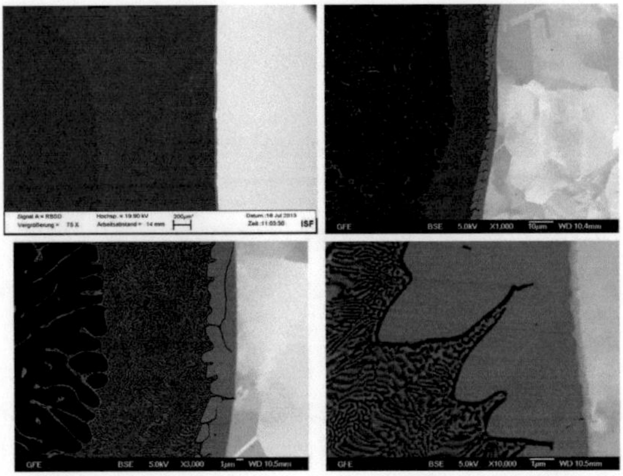

Abbildung 12: REM-Aufnahmen einer elektronenstrahlgeschweißten Al-Cu-Verbindung [OTT16]

Jedoch zeigte ein Großteil der Proben trotz geringer Mischungsbereiche von < 20 µm ein sprödes Versagen entlang der Grenzfläche Aluminium-Kupfer. Eine Analyse der Kristallorientierung lässt an dieser Stelle die Korngrenzen zwischen Al_2Cu und Al_4Cu_9 als Ausgangspunkt der Risseinleitung vermuten, während der Rissfortschritt durch den eutektischen Bereich stattfindet.

2.2.2 Zusammenfassung

Das stoffschlüssige Fügen von Aluminium und Kupfer durch Bildung eines gemeinsamen Schmelzbades oder durch Aufschmelzen des Aluminiumgrundwerkstoffs geht vorrangig mit der signifikanten Bildung von intermetallischen Phasen einher. Aufgrund der hohen Fügetemperaturen werden Diffusionsvorgänge an der Grenzfläche beziehungsweise innerhalb der Schmelze beschleunigt, sodass keine hohen Anpressdrücke für den Beginn der Verbindungsbildung aufgebracht werden müssen. Durch den Einsatz von Zusatzwerkstoffen und energiereduzierten Prozessansätzen kann besonders beim Laserstrahlfügen die Dicke der Phasensäume reduziert werden. Im Großteil der Untersuchungen ist jedoch eine Versprödung der Verbindung durch zusammenhängende Phasenbereiche zu beobachten. Eine weitere Herausforderung besteht in der teils signifikanten Porenbildung durch das Aufschmelzen des Aluminiumgrundwerkstoffs. Diese werkstofflichen und geometrischen Unregelmäßigkeiten entlang der Grenzfläche müssen für den

Einsatz in elektrischen Verbindungen unter thermischer Wechsellast kritisch betrachtet werden.

2.3 Fügen unterhalb der Liquidustemperatur

2.3.1 Verbindungsbildung in der festen Phase

Um stoffschlüssige Mischverbindungen unterhalb der Schmelztemperatur der Grundwerkstoffe zu erzeugen, müssen die Grundwerkstoffe zunächst auf Atomabstand angenähert werden, damit Rekristallisationsvorgänge und Festphasendiffusion an der Grenzfläche ausgelöst werden können. Rekristallisation beschreibt die Neubildung des Gefüges, die mit der Beseitigung einer zuvor eingebrachten Verformungsstruktur einhergeht und stellt einen dominanten Wirkmechanismus für Pressschweißverbindungen dar. Die plastische Verformung erhöht aufgrund des Anstiegs von Defekten sowie der Wechselwirkung von Versetzungen den Energiezustand des Werkstoffs. Durch eine Temperaturerhöhung kommt es zunächst zu einer Kristallerholung, bei der sich entstandene Gitterdefekte lokal umordnen oder auflösen. Eine weitere Temperaturerhöhung führt zu Rekristallisation durch Neubildung des Gefüges und Kornwachstum. Die Festigkeits- und Zähigkeitseigenschaften entsprechen dem unverformten Zustand. Die Rekristallisationstemperatur ist hierbei von der zuvor eingebrachten Umformung abhängig, die entstehende Mikrostruktur entsprechend von der Anzahl an energiereichen, als Keime wirkenden Bereichen. Als Mindestwert werden 40 % der Schmelztemperatur definiert. Jedoch können Rekristallisationsvorgänge durch das Einbringen von Defekten und Erhöhung der Fehlstellendichte beschleunigt werden, da hier die Keimbildung beginnt. So ist je nach Höhe des Umformgrads eine Reduzierung der Rekristallisationstemperatur um mehr als 50 % möglich. Neben dieser statischen Rekristallisation kommt es bei hohen Temperaturen und gleichzeitiger Umformung zu einer dynamischen Rekristallisation. Im Anschluss an beide Varianten kommt es zum Kornwachstum, um werkstoffseitig durch die Minimierung der Korngrenzenfläche einen energetisch möglichst günstigen Zustand zu erreichen. [BAR12]

Diffusion hingegen beschreibt den temperaturabhängigen Massentransport von Atomen in einem festen Werkstoff. In inhomogenen Werkstoffen mit entsprechend vorhandenen Konzentrationsunterschieden, wie sie in Mischverbindungen vorliegen, findet der Teilchentransport gerichtet statt und kann durch das 1. Fick'sche Gesetz beschrieben werden:

$$dn_A = -D \times \frac{dc_A}{dx} \times Adt$$

Hierbei beschreibt dn_A die Stoffmenge, die proportional zu einem Konzentrationsgefälle dc/dx in einer Zeit dt durch die Fläche A diffundiert. D ist der Diffusionskoeffizient, der sich ähnlich der Geschwindigkeit der Platzwechselvorgänge in der Arhenius-Gleichung in folgendem Zusammenhang beschreiben lässt:

$$D = D_0 \times e^{-Q_A/R \times T}$$

Hierbei ist neben der temperaturunabhängigen Gaskonstante R und der Diffusionskonstante D_0 die Aktivierungsenergie Q_A enthalten, die vom Werkstoffzustand und der Art und Anzahl der möglichen Platzwechselmechanismen abhängig ist [BAR12]. Der Transport von Teilchen eines Stoffes oder Stoffgemisches kann entweder im Stoffinneren durch Gitter- und Volumendiffusion oder entlang von Grenzflächen in Form von Grenzflächendiffusion erfolgen. Bei Grenzflächen sind im Besonderen die Oberflächen und Korngrenzen als relevant zu betrachten, da sie Störungen im Gitter darstellen und entsprechend weniger Aktivierungsenergie Q notwendig ist, um Platzwechselvorgänge auszulösen. Auch die resultierende Diffusionsgeschwindigkeit ist gerade in geringeren Temperaturbereichen um ein Vielfaches höher. Da jedoch das Werkstoffvolumen im Allgemeinen einen deutlich höheren Anteil an der Gesamtquerschnittsfläche für gerichtete Teilchenbewegung bietet, wird der Einfluss der Volumendiffusion mit steigender Temperatur größer. [SCH78] Ähnlich der Rekristallisationstemperatur kann die Aktivierungsenergie für Diffusionsvorgänge durch das Einbringen von Versetzungen reduziert werden, sodass es in Prozessen mit hoher lokaler Umformung schneller zur Ausbildung eines Stoffschlusses kommen kann.

Für eine grundlegende Betrachtung der Mechanismen während des Festphasenfügens kann das Diffusionsschweißen herangezogen werden, da es auf den wesentlichen Prozesseinflussgrößen Druck, Temperatur und Zeit basiert. Weitere Faktoren wie Materialfluss durch starke plastische Deformation werden zunächst vernachlässigt. Zudem befindet sich die Diffusionsgeschwindigkeit nahe dem Gleichgewichtszustand. Für die nachfolgend beschriebenen Vorgänge muss zusätzlich beachtet werden, dass Kupfer stärker in Aluminium diffundiert als umgekehrt. Ursachen sind unter anderem die Unterschiede der Atomradien sowie der Schmelztemperatur, sodass das Aluminiumgitter bei erhöhter Temperatur bereits eine stärkere Reduzierung der Bindungskräfte aufweist und die circa 12 % kleineren Kupferatome entsprechend einfacher in das Gitter diffundieren können. Zudem zeigen Simulationen, dass Kupfer nicht nur schneller, sondern vor allem weiter in das Aluminiumgitter diffundiert als umgekehrt. Beginnt Aluminium an der Grenzfläche aufzuschmelzen, erhöht sich das Verhältnis der Diffusionsraten um Faktor 5 zugunsten der Kupferatome, da die Diffusion vom Feststoff in die Aluminiumschmelze noch einmal deutlich beschleunigt wird. [MAO20] [LI+14]

Nach Calvo et al. [CAL88] können während des Diffusionsschweißens von Aluminium und Kupfer, wie in Abbildung 13 dargestellt, bei einer Schweißtemperatur zwischen 400 und 520 °C verschiedene Stadien der Verbindungsbildung unterteilt werden. In der ersten Phase kommt es zum ersten Kontakt der Rauheitsspitzen. Durch die geringe Größe der effektiven Gesamtfläche überwiegen in dieser Phase aufgrund hoher lokaler Drücke Mechanismen der Dehnung und des Kriechens. Die lokale Umformung führt zu einem Aufbrechen der Aluminiumoxidschicht sowie einer zunehmenden Vergrößerung der Kontaktfläche durch die Verformung der Rauheitsspitzen (vgl. Abbildung 13a–b). Anschließend kommt es zur Bildung erster Diffusionsbereiche an Stellen, an denen die Oxidschicht durch die lokale Umformung aufgebrochen wird. Das Erreichen dieser Phase ist wesentlich von dem aufgebrachten Fügedruck abhängig (Abbildung 13c).

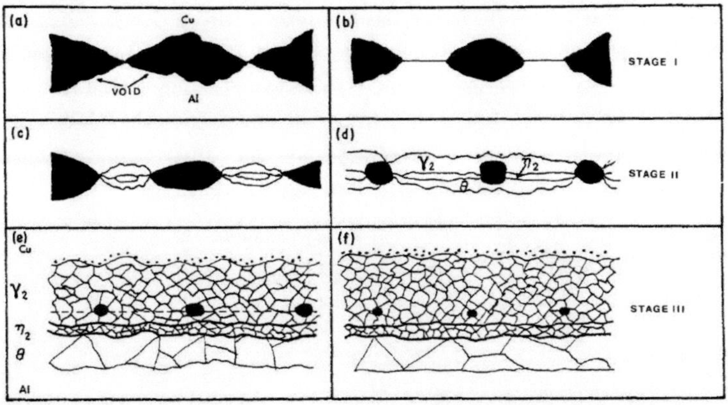

Abbildung 13: Stadien der Kontaktbildung beim Diffusionsschweißen von Aluminium und Kupfer [CAL88]

Darüber hinaus spielt die Oberflächenrauheit eine relevante Rolle. Eine glatte Oberfläche minimiert die Scherbelastung, während zu starke Rauheiten die mögliche Kontaktfläche reduzieren und zu verbleibenden Hohlräumen führen. Ist die Einebnung der Oberfläche so weit fortgeschritten, dass die verbleibenden Hohlräume klein sind und nur noch eine linsenartige Form aufweisen, beginnen signifikante Diffusionsvorgänge über die gesamte Kontaktfläche. Hierbei kommt es zur Schrumpfung und weiteren Einformung der Hohlräume sowie zur Bildung dünner Phasensäume von Al_2Cu (θ) und Al_4Cu_9 (γ_2). Als wesentliche Triebkraft für den dabei stattfindenden Materialfluss wird neben der chemischen Potenzialdifferenz die Oberflächenkrümmung im Bereich der Einschnürung genannt. Am Ende dieser Phase verbleiben kleine, kugelförmige Hohlräume (Abbildung 13d), sodass die oberflächenbedingten Mechanismen des Materialflusses an Wirkung verlieren. Während des außerdem fortschreitenden Phasenwachstums kann das Auftauchen einer dritten Phase AlCu beobachtet werden. Nachfolgend kommt es zu einem weiteren Anwachsen der Phasen parallel zur Grenzfläche, wobei die Al_4Cu_9-Phase die Grenzfläche überschreiten kann (Abbildung 13e–f). Bei hohen Temperaturen und langen Haltezeiten kann letztendlich ein vollständiges Verschwinden der Grenzfläche durch Volumendiffusion und Schließen der letzten Mikrohohlräume erfolgen. Triebkraft dafür ist die Minimierung der Oberflächenenergie. [CAL88]

Für Temperaturen > 400 °C findet das Phasenwachstum deutlich beschleunigt statt. So werden an diffusionsgeschweißten Proben [GUO11] bei 400 bis 500 °C bereits nach 45 min Phasendicken von 6 bis 16 µm erreicht, wobei Al_4Cu_9 große Säume bildet, gefolgt von Al_2Cu und AlCu, die eine maximale Dicke von 2 µm aufweist. Zusätzlich ist eine Veränderung der Phasenabgrenzungen zu ungleichmäßigen, halbkreisförmigen Strukturen zu beobachten.

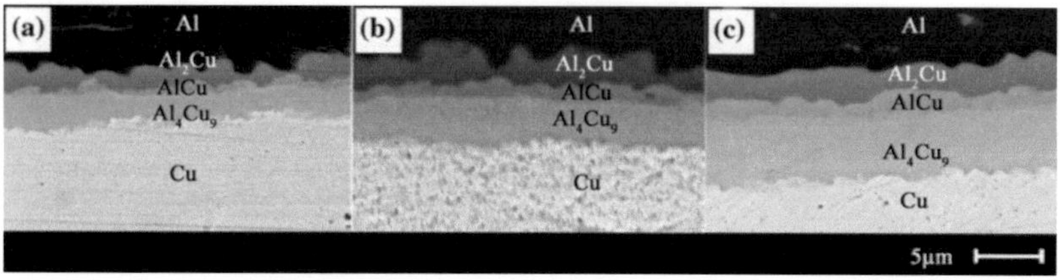

Abbildung 14: Phasenbildung nach 10 min Schweißzeit bei a) 400 °C, b) 450 °C und c) 500 °C [GUO11]

Für weiter erhöhte Temperaturen zwischen 500 und 545 °C konnten in Untersuchungen von Enjo et al. [ENJ79] Phasensäume von bis zu 50 µm innerhalb von 100 min erreicht werden. Hauptbestandteile waren hierbei Al_2Cu und Al_4Cu_9 sowie ein vergleichsweise kleiner AlCu-Saum. Pfeifer [PFE12] konnte bei durch PVD hergestellten Dünnschichtproben für die Messung der Leitfähigkeit einzelner Phasen keine Bildung von Al_2Cu_3 und Al_3Cu_4 bei einer Wärmebehandlung mit 500 °C, sondern lediglich die Mehrphasenbildung mit Anteilen von Al_4Cu_9 und AlCu erreichen.

Bei der Limitierung des Aluminiumvolumens, zum Beispiel beim Bonden auf eine dünne Al-Metallisierung, wird durch die schnellere Diffusion von Kupfer in Aluminium das Aluminium vollständig verbraucht [XU+11]. Hier dominiert im weiteren Verlauf die Bildung der kupferreichen Phasen. Bei fortschreitender Diffusion findet eine Umwandlung von Al_2Cu (θ) in Al_4Cu_9 (γ_2) und eine entsprechende Reduzierung der θ-Phasendicke bis hin zu einer vollständigen Umwandlung in Al_4Cu_9 statt [XU+10]. Das an der Grenzfläche verbleibende, chemisch stabile Aluminiumoxid befindet sich hierbei stets an der Grenzfläche von Al_2Cu (θ) und Al_4Cu_9 ($\gamma 2$), und die Diffusion findet über die Oxidlinie hinweg statt [XU+11] [YIR01]. Die dabei fortschreitende Migration der verbleibenden Oxidlinie hin zum Kupfergrundwerkstoff verdeutlicht, dass die Diffusion zwischen den Werkstoffen signifikant durch die Diffusion von Kupfer in Aluminium dominiert wird, vorausgesetzt die Oxidschicht wurde zuvor lokal durchbrochen. Durch eine während des Fügeprozesses eingebrachte Umformung wird die Aktivierungsenergie für Diffusionsvorgänge außerdem, wie für andere thermisch aktivierte Vorgänge, reduziert [XU+11]. Diese Reduzierung betrug in [XU+10] circa 10 % im Vergleich zu Bimetallproben.

2.3.2 Zusammenfassung

Durch Festphasenfügeverfahren können Aluminium und Kupfer stoffschlüssig verbunden werden, ohne dass ein oder beide Fügepartner aufgeschmolzen werden müssen. Für die Verbindungsbildung ist eine initiale lokale Umformung notwendig, um die Fügepartner auf Atomabstand anzunähern und Diffusionsvorgänge zu ermöglichen. Dies setzt mechanische Stabilität der Fügepartner oder entsprechende Bauteilklemmung während des Fügens voraus.

Die Bildung signifikanter Bereiche intermetallischer Phasen kann durch vergleichsweise niedrige Fügetemperaturen und kurze Prozesszeiten reduziert beziehungsweise gesteuert werden. Bei erhöhter Prozesstemperatur ist nur die Bildung der Phasen Al_2Cu, AlCu und Al_4Cu_9 praxisrelevant beziehungsweise nachweisbar. Für das Versagensverhalten der Verbindungen ist neben den Eigenschaften der Phasen der Verbleib der ursprünglichen Grenzfläche beziehungsweise Oxidlinie zu berücksichtigen. Diese ist üblicherweise zwischen den kupferreichen Phasen AlCu und Al_4Cu_9 zu finden beziehungsweise im Übergang zu Al_2Cu, wenn Al_4Cu_9 die Grenzfläche überschreitet.

Gegenüber Schmelzschweißverfahren sind höhere Prozesszeiten aufgrund der reduzierten Diffusionsgeschwindigkeiten anzunehmen, wobei Letztere zusätzlich durch die Art des Energieeintrags beeinflusst werden. Zudem muss das Annähern der Grundwerkstoffe in festem Zustand auf Atomabstand durch hohe Anpressdrücke während des Initialkontakts erzielt werden. In zahlreichen Verfahren wird der Fügedruck mit einer lokalen Umformung bis hin zu einer mechanischen Vermischung der Fügepartner verbunden, um die Verbindungsbildung durch den zusätzlichen Form- und Kraftschluss zu beschleunigen. Hierdurch kann es zu makroskopischer Schädigung der Fügepartner beziehungsweise signifikanter Verformung der Bauteile kommen. Dies schränkt die Eignung einiger Verfahren für das Fügen von Dünnblechen, Folien oder Litzen ein. Zusätzlich ist aufgrund des Prozessprinzips ein partieller

Verbleib von Oberflächenbestandteilen und Oxidresten in der Fügezone anzunehmen, was für Festphasenfügeverbindungen ohne aktive Vermischung der Grenzfläche zu einem deutlichen Unterschied zwischen theoretischer und realer Anbindungsfläche führen kann.

2.3.3 Prozesstechnische Ansätze

Da im Gegensatz zu Schmelzschweißverfahren bei Pressschweißverfahren ein fester oder teigiger Zustand der Grundwerkstoffe vorliegt, wird zusätzlicher Fügedruck beziehungsweise Umformung benötigt, um die Fügepartner auf Atomabstand anzunähern und passivierende Oberflächenschichten aufzubrechen. Die Umformung an der Grenzfläche kann durch eine temperaturbedingte Reduzierung der Fließspannung erleichtert werden. Der hierfür notwendige Wärmeeintrag kann durch verschiedene Mechanismen wie Reibung, Acoustic Softening (Ultraschall) oder Widerstandserwärmung realisiert werden (vgl. Abbildung 15). Die Verfahren sind im Folgenden nach der Art der Energiequelle gegliedert.

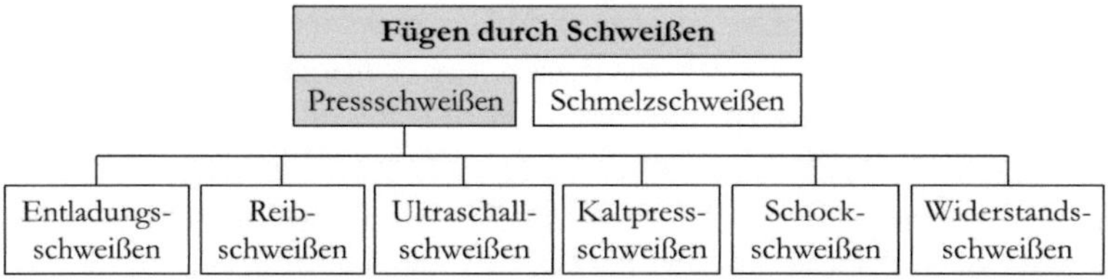

Abbildung 15: Einteilung der Pressschweißverfahren in Anlehnung an DIN8593

2.3.3.1 Ultraschall

Das Ultraschallschweißen hat sich aufgrund seiner spezifischen Vorteile wie kurze Prozesszeiten, gute Automatisierbarkeit und Eignung für Litzenschweißungen bereits seit Langem für das Schweißen von Mischverbindungen etabliert. Der Energieeintrag erfolgt durch das Übertragen von hochfrequenten Longitudinal- oder Torsionalschwingungen durch den Fügedruck an die Grenzfläche, was zu einer lokalen Erwärmung aufgrund innerer Reibung und Grenzflächenreibung führt. Durch den lokal begrenzten Wärmeeintrag kommt es nicht zur Ausbildung eines gemeinsamen

Schmelzbades und somit zur Reduzierung der Phasenbildung in der Fügezone. In HRTEM-Untersuchungen [ZHA17] kann in Verbindungen ohne erkennbaren Phasensaum die Bildung eines circa 10 nm großen Transition-Bereichs nachgewiesen werden, auf dem der Stoffschluss basiert. Darüber hinaus kann im Bereich der Grenzfläche eine hohe Anzahl an Versetzungen und Leerstellen nachgewiesen werden, was auf eine Verbindungsbildung durch Severe Plastic Deformation (SPD) hindeutet. Für große Verbindungsflächen sowie Materialstärken von > 2 mm ergeben sich jedoch Herausforderungen in der gleichmäßigen Schalleinleitung sowie ein Risiko übermäßiger Werkstückverformung und -schädigung. Zhao et al. [ZHA13] analysierten den Einfluss der Schweißparameter auf die Fügezonenausprägung von 1 mm starken EN AW 6061-Blechen und Reinkupferblechen. Hierbei zeigt sich, wie in Abbildung 16 dargestellt, ein typischer Verlauf der Trennkraft über die Schweißenergie.

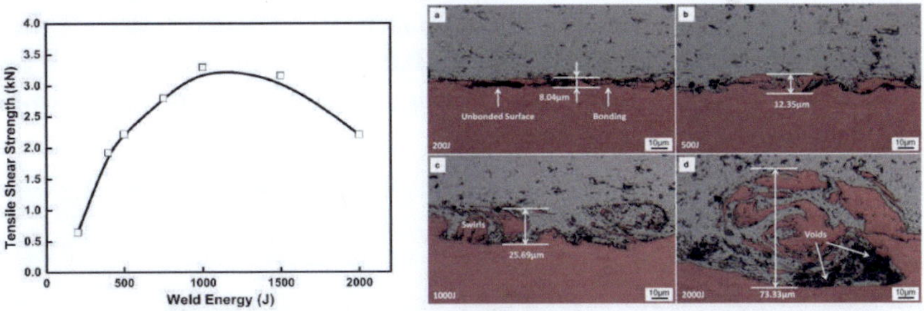

Abbildung 16: Verlauf der Trennkraft über die Schweißenergie und zunehmende Materialverwirbelung an der Grenzfläche [ZHA13]

Während es bei einem geringen Energieeintrag lediglich zu einer geringen Verformung der Fügezone und ebenfalls zu einer geringen Anbindung kommt, führt eine starke Erhöhung der Energie zu zunehmenden Materialverwirbelungen, die zu einer Werkstoffschädigung führen können. Jedoch kommt es selbst bei hohem Energieeintrag nur zu maximalen Phasenbreiten von 0,5 μm.

Wu et al. [WU+15] stellten beim Schweißen von Zellverbindern mit 3 Lagen 200 μm Aluminiumfolien auf vernickelte Kupferableiter bei geringem Energieeintrag kaum Verformung der Grenzfläche fest, während es bei mittleren Schweißenergien zu einer starken Verformung und zum Aufreißen der einzelnen

Schichten kam. Eine großflächige Anbindung konnte nur durch einen überhöhten Energieeintrag erreicht werden.

In [PET19] wurde die Positionierung von Kupfer als oberer Fügepartner genutzt, um die Verformung und das Anhaften des Aluminiums an der Sonotrode zu minimieren. Hierbei wurde die Schweißamplitude als signifikante Einflussgröße für die resultierende Fügezonentemperatur und resultierende Verformung identifiziert. Eine Phasenbildung konnte nur bei hohen Schweißenergien beobachtet werden, bei denen es jedoch zu einer Werkstoffschädigung im Randbereich sowie einer starken Querschnittsverringerung des oberen Blechs kam (vgl. Abbildung 17a). Im Randbereich des Verbindungsbereichs wurden eutektische Erstarrungsbereiche beobachtet. In den Schädigungsbereichen hingegen ist eine nahezu vollständige Umwandlung des eingeschlossenen Aluminiums in kupferreiche Phasen zu beobachten (Abbildung 17b, Ausschnitt A). Hier wird davon ausgegangen, dass die Aktivierungsenergie für Phasenbildung aufgrund der hohen Versetzungsdichte in stark verformten Bereichen signifikant reduziert ist. Darüber hinaus führt die Umformung selbst zu einem zusätzlichen Wärmeeintrag.

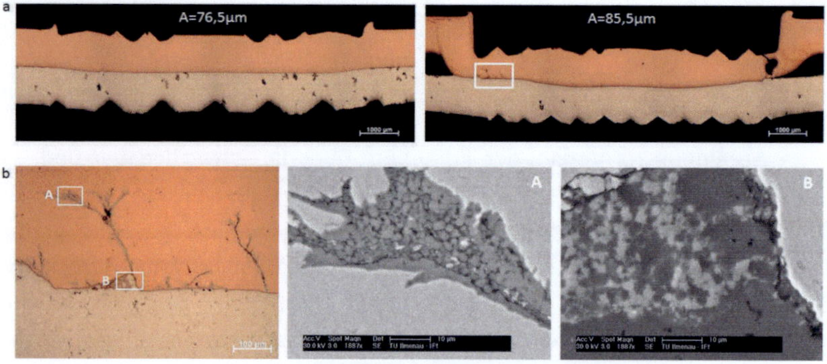

Abbildung 17: a) Einfluss der Amplitude auf die Verbindungsbildung; b) Detailansicht des Diffusionsbereichs für A = 85,5 µm

Ähnliche Mechanismen der Riss- und Phasenbildung im Randbereich der Schweißung bei Kupfer als oberer Fügepartner wurden auch durch Liu et al. [LIU17] beobachtet. Durch konduktiv unterstütztes Ultraschallschweißen erreichten Yang et al. [YAN15] die Bildung einer eutektischen

Erstarrungsstruktur ab 1.500 A, wobei deutlich verbesserte Zugfestigkeiten bereits bei 1.100 A erreicht wurden.

2.3.3.2 Elektrischer Strom und Magnetimpuls

Broda et al. [PET19] analysierten im Rahmen des IGF-Projekts 19036B die Möglichkeiten, durch Widerstandsschweißen eine eutektische Schmelze an der Grenzfläche zu erzeugen und diese für die Verbindungsbildung zu nutzen. Die Schmelzebildung konnte innerhalb < 500 ms erzielt werden. Durch die beidseitige Widerstandserwärmung kommt es jedoch zu einer deutlichen Querschnittsreduzierung des Aluminiumblechs und einem Versagen entlang dieser. Essers et al. [ESS15] erzielten durch Widerstandsbuckelschweißen und eine wärmearme Prozessführung hohe Trennkräfte an 1 mm-Blechverbindungen und die Bildung eines eutektischen Phasensaums von etwa 2 µm. Weiterführende Untersuchungen von Gintrowski et al. [GIN19] konnten durch ein kraftgeregeltes Herauspressen hohe mechanische Festigkeiten bei einer Restschmelzedicke von circa 10 µm in der Fügezone erreichen.

Neben joulescher Stromwärme kann durch einen elektrischen Energieeintrag ein elektromagnetischer Impuls generiert werden, um zwei leitfähige Materialien zueinander zu beschleunigen. Während des Magnetimpulsschweißens wird die so auftretende Umformung an der Grenzfläche dazu genutzt, in kurzen Prozesszeiten eine stoffliche Anbindung zu erzeugen. Der Wärmeeintrag resultiert hierbei im Wesentlichen aus der hohen plastischen Deformation, die gleichzeitig genutzt wird, um beschleunigt Diffusionsvorgänge auszulösen. In Untersuchungen durch Rebensdorf und Böhm [REB16] an verschiedenen Materialkombinationen konnten für EN AW-1050 / CU OF Festigkeiten im Bereich von 90% der Festigkeit des Aluminiumgrundwerkstoffs erzielt werden.

Raoelison et al. [RAO15] stellten als Hauptherausforderungen die Bildung von Verwirbelungsbereichen beziehungsweise „Taschen" mit ausgeprägten Phasensäumen und die darin verlaufende Mikrorissbildung dar, die zuvor bereits durch Wu et al. [WU+14] beobachtet wurden. Je nach Schweißspannung wurden hierbei, wie in Abbildung 18 dargestellt, Phasendicken von bis zu 30 µm festgestellt. Darüber hinaus wurde ein möglicher Schmelzefluss entlang der Grenzfläche durch die Analyse der Bruchfläche erläutert, wodurch eine Separierung der Grenzfläche vor der Erstarrung der Schmelze stattfindet.

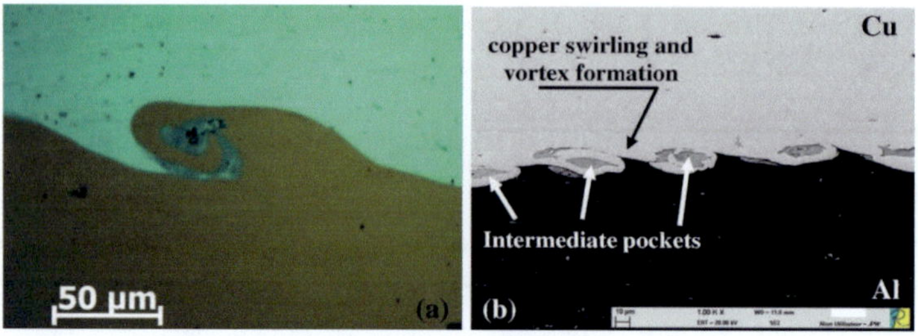

Abbildung 18: Materialverwirbelung und Phasenbildung an der Al-Cu-Grenzfläche [RAO15]

Auch Göbel et al. [GÖB10] führten die Präsenz von Poren in der Nähe von Materialverwirbelungen auf eine lokale Schmelzebildung zurück. Faes und Kwee [FAE16] analysierten die Grenzflächenmorphologie entlang der Schweißungen und stellten die größten Phasen- und Porenbildungen im Zentrum der Schweißungen bei maximaler Verklammerung und Wellenbildung fest, während im Außenbereich defektfreie Anbindungsbereiche ohne Phasensäume beobachtet wurden.

Loureiro et al. [LOU16] stellten eine Vergrößerung von Materialverwirbelungen, die zu großem Teil aus Kupfer und eigeschlossenen intermetallischen Phasen bestehen, mit erhöhtem Mischungsverhältnis fest. Durch die hohe Umformung während der elektromagnetischen Beschleunigung eines rotationssymmetrischen Fügepartners auf den anderen bietet das Magnetimpulsschweißen ähnlich dem Explosionsschweißen die Möglichkeiten, Werkstücke in kürzester Zeit unter hoher Umformung zu fügen. Obwohl hierbei lediglich ein umformungsbedingter Wärmeeintrag stattfindet, werden durch die hohen Umformgeschwindigkeiten schon in kurzen Seiten ausgeprägte Phasensäume gebildet, was auf eine starke Reduzierung der notwendigen Aktivierungsenergien zurückzuführen ist. Marya et al. [MAR05] untersuchten die Grenzflächenausprägung von magnetimpulsgeschweißten Aluminiumprofilen und Kupferzylindern. Bei erhöhter Kollisionsgeschwindigkeit wurde neben einer verbesserten Anbindung eine ausgeprägte Schmelzebildung in den Bereichen mit maximaler Beschleunigungsstrecke beobachtet.

2.3.3.3 Reibung

2.3.3.3.1 Reibschweißen

Durch Rotationsreibschweißen können in kurzer Prozesszeit Mischverbindungen ohne Aufschmelzen der Grundwerkstoffe erzeugt werden, sofern mindestens einer der Fügepartner die Werkstückrotation erlaubt. Durch hohe Rotationsgeschwindigkeiten an der Grenzfläche kommt es während der Reibphase zu einer Plastifizierung der umgebenden Bereiche, die während der Stauchphase in Form einer Schweißwulst aus der Fügezone verdrängt werden. Eine Prozessvariante für nicht rotationssymmetrische Fügepartner bietet das Linearreibschweißen, bei dem ein Fügepartner unter einer oszillierenden Bewegung und hoher Axialkraft auf den fest eingespannten Fügepartner gepresst wird. Auch hier kommt es während des Stauchens zum Austrieb des plastifizierten Materials.

Wei et al. [WEI15] konnten beim Rotationsreibschweißen von Aluminium-Kupfer-Proben die Bildung der Phasen Al_4Cu_9 und Al_2Cu mit einer Gesamtdicke von bis zu 10 µm feststellen. Erstarrungsbereiche oder Poren konnten hingegen nicht beobachtet werden. Sahin [SAH10] stellte ebenfalls signifikante Phasenbereiche an Ø 10-mm-Schweißungen fest sowie einen Abfall der Trennkräfte bei Erhöhung der Schweißzeit und des Stauchdrucks aufgrund erhöhter Phasensaumdicken.

Bhamji et al. [BHA12] stellten Verbindungen durch Linearreibschweißen her. Durch das Herauspressen aufgeschmolzener Bereiche konnte eine großflächige Anbindung ohne signifikante Phasensäume an der Grenzfläche erzielt werden. Resultierend daraus ergeben sich außerdem gute Zug- und Biegefestigkeiten mit einem Versagen im Aluminiumgrundwerkstoff sowie eine hohe elektrische Leitfähigkeit. Wanjara et al. [WAN11] stellten beim Linearreibschweißen in Abhängigkeit der Prozessparameter signifikante Einschlüsse von Kupferpartikeln sowie die Bildung einer wellenförmigen Grenzfläche fest.

Insgesamt zeigt das Verfahren eine gute Eignung für großflächige Verbindungen, es bedingt jedoch eine hohe Bauteilstabilität, damit der Reib- und Stauchdruck nicht zu einer Bauteilschädigung führen. Darüber hinaus müssen die Bauteile bestimmte Mindesteinspannlängen aufweisen, um die Rotation oder

Vibration übertragen zu können, sodass die verarbeitbaren Geometrien auf massive, wenig komplexe Teile eingeschränkt sind.

2.3.3.3.2 Rührreibschweißen

Während des Rührreibschweißens kommt es durch den Kontakt von einem oder beiden Fügepartnern mit einem rotierenden Werkzeug zu einem reibbasierten Wärmeeintrag sowie einer lokalen Umformung beziehungsweise einer Vermischung der Grundwerkstoffe. So können Linienverbindungen im Stumpfstoß sowie im Überlappstoß gefügt werden. Durch die hohen Umformgeschwindigkeiten während des Prozesses findet eine Vermischung der Werkstoffe über die Grenzfläche hinweg ohne Aufschmelzen statt. Die hohe plastische Deformation begünstigt die Diffusion an der Grenzfläche durch die Senkung der benötigten Aktivierungsenergie. Innerhalb der Grundwerkstoffe kommt es durch dynamische Rekristallisation zu einer Kornfeinung und entsprechend vorteilhaften Mikrostruktur in der späteren Schweißnaht.

Gould [GOU11] ordnet das Rührreibschweißen den schmiedeartigen Prozessen zu, in denen sowohl mechanisch bedingte Umformung als auch Erwärmung zu den Anbindungsmechanismen beitragen. Während der reibbasierte Wärmeeintrag die Fließspannung herabsetzt, können mit reduzierter Kraft hohe Dehnraten erzeugt werden, die zu drei Effekten an der Grenzfläche führen:

1. Oberflächenreinigung: Die lokale Umformung führt zum Verdrängen von Verschmutzungen und zur Annäherung der Kontaktflächen, was durch die erhöhte Temperatur verstärkt wird.
2. Thermische Auflösung von Oxidresten/Verschmutzungen: Nach der umformungsbedingten Verbindungsbildung an der Grenzfläche verbleiben noch Oxid- und Verschmutzungsfragmente, die in Abhängigkeit der Temperatur und Löslichkeit im Grundwerkstoff in diesen eingebaut werden können.
3. Aufbrechen der Grenzflächenschicht: Aus den ersten beiden Effekten resultiert eine Grenzflächenschicht mit zahlreichen Versetzungen und Fremdeinschlüssen. Je nach Temperatureinwirkung können Kristallerholung und Rekristallisation zu einer Homogenisierung des Bereichs und einer weiteren Verbesserung der Verbindungseigenschaften führen.

Bei Mischverbindungen sind für einen gleichmäßigen Materialfluss und eine fehlerfreie Anbindung der Fügepartner die unterschiedlichen physikalischen Eigenschaften der Werkstoffe zu berücksichtigen. Im Besonderen ist durch die Prozessführung ein Ausgleich der Fließspannungsdifferenz erforderlich, was in der Regel durch die Positionierung des Werkzeugs erfolgen kann.

Stumpfstoßverbindungen

Im Stumpfstoß von Aluminium und Kupfer findet üblicherweise ein Versatz des Werkzeugs hin zum Aluminium statt [ZHA15] [GEN11], um einerseits die Werkzeugbelastung zu reduzieren und andererseits die Bildung intermetallischer Phasen durch das aktive Einrühren von Kupfer zu verringern. Untersuchungen von Xue et al. [XUE10] weisen jedoch auf die vorteilhafte Wirkung dünner Phasensäume, bestehend aus Al_4Cu_9 und $Al\ Cu_2$, hin. Für die Dicke von circa 1 µm ergibt sich der Untersuchung nach eine Zugfestigkeit von 210 MPa aufgrund der Partikelverstärkung.

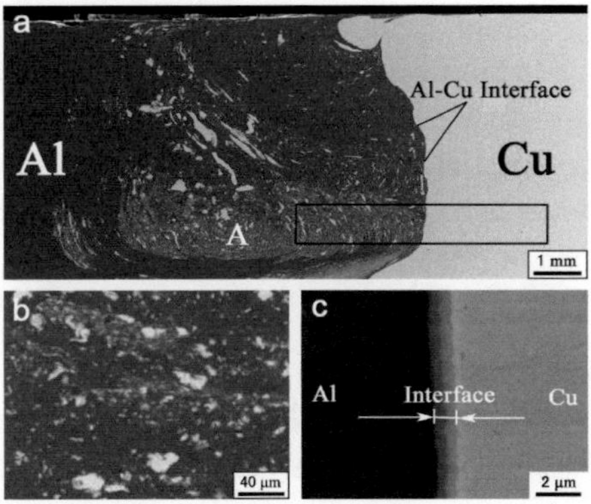

Abbildung 19: REM-Aufnahme der FSW-Rührzone [XUE10]

Bei einer Positionierung des Werkzeugs mittig zur Stoßkante kommt es zu höheren Schweißtemperaturen und zu Hohlraumbildung zwischen den Scherbereichen, da Aluminium während der Plastifizierung des Kupfers stark erwärmt und die Fließspannung entsprechend weit reduziert wird. So konnten bei Liu et al. [LIU11] lediglich geringe Zugfestigkeiten bei gleichzeitig ausgeprägter Phasenbildung erreicht werden. In weiteren Untersuchungen [LIU12] mit einem Aluminiumdeckblech wurden sowohl Versatz als auch Drehzahl verändert. Sowohl für einen Versatz des Werkzeugs zur

Aluminiumseite als auch für eine Reduzierung der Drehzahl wurde eine Verfeinerung der resultierenden Mischstruktur an der Grenzfläche beobachtet. Im Gegensatz dazu kam es bei geringem Versatz zum Herauslösen von großen Kupferfragmenten und bei Erhöhung der Drehzahl zur Fehlerbildung. Ouyang et al. [OUY06] stellten bei EN AW6061/CW004A-Stumpfstoßverbindungen mit einer Dicke von 12,7 mm einen hohen Anteil an intermetallischen Phasen sowie dendritischen Erstarrungsstrukturen in der Rührzone fest. Während des Prozesses wurden aluminiumseitig bis zu 580 °C gemessen, was entsprechend über dem eutektischen Punkt liegt. Es ist daher von der Bildung einer eutektischen Schmelze innerhalb der Rührzone auszugehen, jedoch ebenso von einer veränderten Erstarrung und Bildung weiterer Phasen aufgrund der Konzentrations- und Temperaturbeeinflussungen durch den fortschreitenden Materialtransport um den Schweißstift. Galvao et al. [GAL12] untersuchten den Einfluss der Positionierung von Gleich- und Gegenlaufseite beim FSW von EN CW024A/AW5083. Hierbei wurde beim Gleichlauf von Werkzeugrotation und -vorschub auf der Kupferseite ein erhöhter Materialtransport in den Aluminiumwerkstoff festgestellt, während es im entgegengesetzten Fall zu einer starken Gratbildung und Querschnittsreduzierung des Aluminiumbleches durch den erhöhten Materialfluss auf der Aluminiumseite kam. Zusammenfassend ist für Stumpfstoßverbindungen zu beachten, dass der Materialfluss möglichst auf die Aluminiumseite begrenzt werden muss, um das Herauslösen von Kupferfragmenten und die daraus resultierende Phasenbildung zu begrenzen.

Überlappverbindungen

Während des Rührreibpunktschweißens von Mischverbindungen im Überlappstoß ergeben sich abhängig von der Positionierung der Bauteile und der Gestaltung des Werkzeugs ebenfalls verschiedene Effekte. Mit dem Ansatz einer verringerten Werkzeugbelastung und der Reduzierung der maximalen Prozesstemperatur findet ein Großteil der in der Literatur beschriebenen Untersuchungen mit der Bearbeitung des Aluminiums als obenliegendem Fügepartner statt. Ohne Eintauchen in den unteren Fügepartner wurde in dieser Konfiguration für 4 mm EN AW1050-Bleche auf 2 mm EN CW008A-Bleche durch Marstatt et al. [MAR17] das Erreichen einer Sättigungstemperatur von 390 °C ab 2.300 U/min festgestellt. Bei Linienverbindungen hat die Eintauchtiefe des Werkzeugstiftes in den unteren Fügepartner jedoch einen großen Einfluss auf Temperatur, Phasenbildung [ELR05] und Makrostruktur in der Fügezone [BER15], wie auch in Abbildung 20 dargestellt. Durch das Eintauchen in den Kupferwerkstoff kann die Vermischung der beiden Werkstoffe gezielt beeinflusst werden. Jedoch kommt es beim aktiven Verrühren des Kupfers zu einem nach oben gerichteten Materialfluss (Abbildung 20c–d) durch das Anhaften am Werkzeug, was die Bildung eines Hooking-Defekts verursacht, der je nach Aluminiumlegierung unterschiedliche Abhängigkeiten von den Prozessparametern zeigt [BIS12].

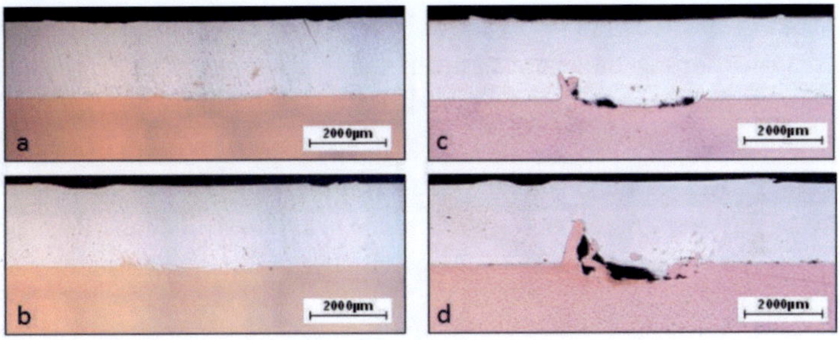

Abbildung 20: Querschliffe von 2 mm EN AW1050/2 mm CW004A Überlappverbindungen, Werkzeug: Stehende Schulter, Variation der Stiftlänge a) 2 mm, b) 2,2 mm, c) 2,4 mm, d) 2,6 mm, n = 5.000 U/min, v = 750 mm/min; F_Z = 3 kN

Es wird davon ausgegangen, dass in dem Bereich, in dem das Kupfer aktiv durch das Werkzeug bearbeitet wird, die resultierende Temperatur aus Reibung und plastischer Deformation so hoch wird, dass sie sich der Schmelztemperatur des Aluminiums nähert. Akbari et al. [AKB12] stellten bei Überlappverbindungen mit Kupfer als oberem Fügepartner eine um 26 % erhöhte Spitzentemperatur in der Fügezone gegenüber dem entgegengesetzten Fall bei ansonsten gleichen Bedingungen fest. Die Fließspannung reduziert sich hierbei soweit, dass es nicht mehr zu einer Extrusion des Materials um den Stift kommt. Der Materialfluss wird unterbrochen und es bilden sich Hohlräume um die stark plastifizierten, eingezogenen Kupferbereiche auf der Gegenlaufseite. Wie in Xue et al. [XUE11] wurde bei den Zugversuchen eine signifikante Reduzierung der Scherzugtrennkraft bei Positionierung des Hooking-Defekts hin zur belasteteren Aluminiumseite festgestellt. Dies ist einerseits auf die Hohlraumbildung und andererseits auf die Reduzierung der verfügbaren Querschnittsfläche des

Aluminiumgrundmaterials zurückzuführen. Saeid et al. [SAE10] bemerkten bei einer Erhöhung der Vorschubgeschwindigkeit das Erreichen eines Trennkraftmaximums und einen anschließenden erneuten Abfall der Werte durch eine Verminderung des vertikalen Materialflusses auf der Gegenlaufseite. Bei langsamem Vorschub hingegen kam es zu einer Bildung von Mikrorissen im Bereich der vermehrt eingerührten Kupferpartikel aufgrund der höheren Prozesstemperatur.

Galvao et al. [GAL12] schweißten Überlappverbindungen von EN CW024A und EN AW5083 beziehungsweise AW6082 mit konventioneller Werkzeugausführung und beobachteten mit Kupfer als oberem Fügepartner eine starke Durchmischung der Werkstoffe, wodurch es jedoch zu einer signifikanten Bildung von Hohlräumen und Phasensäumen in der Rührzone kam (Abbildung 21). Der Vergleich der beiden Aluminiumlegierungen bei ansonsten gleichen Prozesseinstellungen verdeutlicht darüber hinaus das bessere Fließverhalten der 6xxxer-Legierungen bei vergleichsweise hohem Wärmeeintrag.

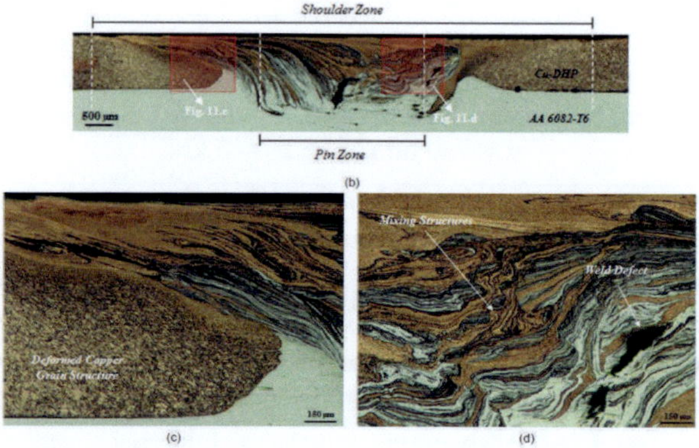

Abbildung 21: Ausbildung der Fügezone in Überlappverbindungen mit Kuper als oberem Fügepartner [GAL12]

Für Überlappverbindungen mit konventioneller Werkzeugausführung (rotierende Werkzeugschulter und signifikante Bearbeitung des unteren Fügepartners durch den Stift) lässt sich ausgehend von Ergebnissen der bisherigen Untersuchungen festhalten, dass die aktive Vermischung an der Grenzfläche differenziert betrachtet werden muss. Zum einen bewirkt der

Materialtransport um den Stift und unterhalb der Schulter eine mechanische Verzahnung des unterschiedlichen Werkstoffs und trägt somit bereits zu einer form- beziehungsweise kraftschlüssigen Verbindung bei. Darüber hinaus begünstigt die hohe Umformung an der Grenzfläche Diffusionsvorgänge, die für eine stoffschlüssige Verbindung essenziell sind. Zum anderen führt eine erhöhte Durchmischung der Grundwerkstoffe zu einer erheblichen Phasenbildung und zu Anbindungsfehlern. Insbesondere der vom Schweißstift bedingte, vertikale Materialfluss kann zum Herauslösen von vergleichsweise heißen Kupferfragmenten aus dem Kupferscherbereich führen. Werden diese unabhängig von der Positionierung der Fügepartner durch den Aluminiumscherbereich transportiert, kommt es zu einer Temperaturüberhöhung im Aluminium. Auf diese Weise werden ausgeprägte Diffusionsprozesse von Kupfer in das umfließende, stark erhitzte Aluminium begünstigt, die zu einer Ausbildung von schichtförmig aufgebauten, großen Fragmenten (vgl. Abbildung 22) führen. Diese bestehen vorrangig aus kupferreichen intermetallischen Phasen. Eine weitere Umformung dieser Fragmente ist entsprechend erschwert und kann zu einer Hohlraumbildung führen, da sie als Hindernisse im Materialfluss wirken.

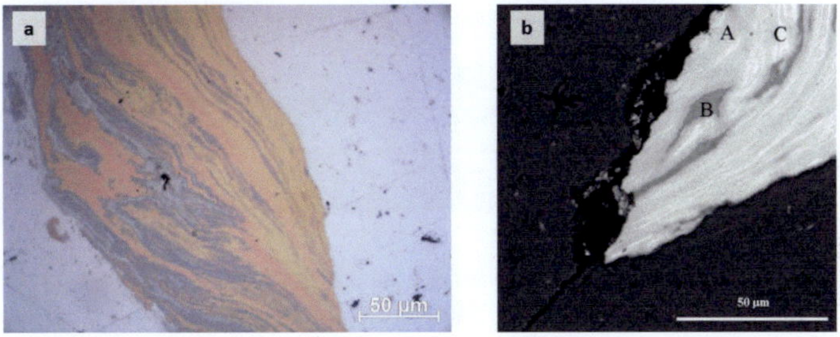

Abbildung 22: a) Lichtmikroskopische Aufnahme eines kupferreichen Fragments; b) REM-Aufnahme eines Fragments mit Rissbildung im Aluminium [SAE10]

Zusammenfassend ist eine hohe Durchmischung der Werkstoffe tendenziell mit Unregelmäßigkeiten im Anbindungsprozess verbunden. Darüber hinaus bietet die Präsenz von großen Bereichen intermetallischer Phasen und Mikrorissen eine nachteilige Ausgangssituation für elektrische Anwendungen. Da ausgehend von konventionellen Fügetechnologien wie Löten und Schraubverbindungen die Überlappverbindung eine Standardanwendung darstellt, ist für derartige

Verbindungen trotz des Ziels einer stoffschlüssigen Anbindung über eine große Fläche der Anteil des vertikalen Materialflusses zu minimieren.

Einen Lösungsansatz für die beschriebenen Herausforderungen bietet das Schulterreibschweißen beziehungsweise Hybrid Friction Diffusion Bonding (HFDB), das von Roos [ROO10] entwickelt wurde: Für dünne Bleche und Folien sowie für artgleiche und artfremde Verbindungen können auch Werkzeuge ohne Stift eingesetzt werden (vgl. Abbildung 23). Die Anbindung wird dabei ohne aktive, vertikale Vermischung der Werkstoffe, sondern vorrangig durch Diffusionsvorgänge an der Grenzfläche erzielt. Hierbei begünstigen der unter der Schulterfläche erzeugte Materialfluss, der wirkende Fügedruck sowie der reibbasierte Wärmeeintrag ein Erreichen der Aktivierungsenergie für Diffusionsvorgänge. Jedoch muss die Prozesskontrolle bei Kombinationen aus Drehzahl und Vorschub, die eine hohe Temperatur erzeugen, genau erfolgen, da Materialstärken von 0,4 bis 1,4 mm unterhalb des HFDB-Werkzeugs schneller plastifizieren als dickere Bleche. Es kommt somit bei einer Kraftregelung schneller zum Eintauchen des Werkzeugs in die Bleche beziehungsweise zu Anhaftungen am Werkzeug, wenn das gesamte, verbleibende Material des oberen Fügepartners unterhalb des Werkzeugs in den Materialfluss einbezogen wird.

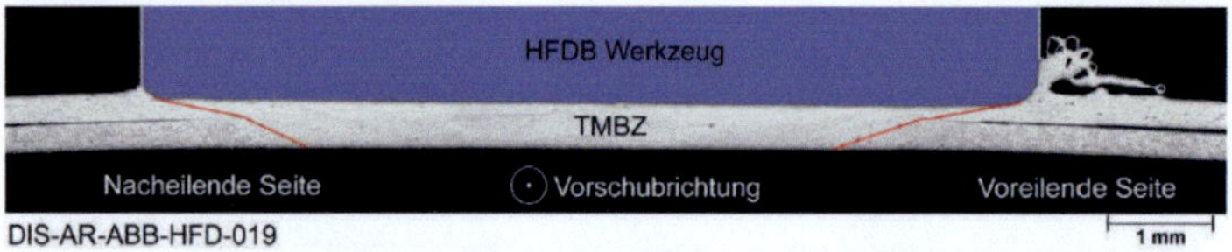

Abbildung 23: HFDB-Verbindung von 0,3 mm EN AW7075/AW2024 [ROO10]

Durch diese Verfahrensvariante können auch Mischverbindungen ohne signifikanten vertikalen Materialfluss hergestellt werden. Da jedoch die Tiefenwirkung des Materialflusses durch die Temperaturabhängigkeit des Reibungskoeffizienten und das Fließverhalten der Werkstoffe begrenzt sind, können im Vergleich zu konventionellen Überlappverbindungen nur vergleichsweise geringe Materialstärken gefügt werden. Bis zu welchem Bereich die Anwendung des HFDB sowohl für artgleiche als auch artfremde Kombinationen ausgedehnt werden kann, ist derzeit nicht untersucht.

Punktverbindungen

Rührreibpunktschweißen beziehungsweise Friction Stir Spot Welding (FSSW) konnte in den letzten Jahren besonders für die Anwendung in der Karosseriefertigung an Bedeutung gewinnen. So können Verbindungselemente wie Niete durch das stoffschlüssige Fügen im Überlappstoß eingespart werden. Entsprechend finden zahlreiche wissenschaftliche Untersuchungen an relevanten Aluminiumlegierungen der 5xxxer- und 6xxxer-Legierungsgruppen statt. Die Besonderheit im Vergleich zu Linienverbindungen besteht im Entfall der Gleich- und Gegenlaufseite. An Bedeutung gewinnen stattdessen die Eintauchgeschwindigkeit sowie das Verweilen des Werkzeugs. Darüber hinaus wird in verschiedenen Untersuchungen eine Eintauchtiefe in den unteren Fügepartner von etwa 30 % der Blechdicke empfohlen, um bei gleichartigen Verbindungen eine hinreichende Festigkeit zu erzielen [YAN10]. Ähnlich wie bei Überlapplinienverbindungen ist die Ausprägung des Hooking-Defekts zu berücksichtigen, der für gleichartige Verbindungen die Festigkeit durch die Präsenz von Oxidlinien in diesen Bereichen herabsetzt. Gleichzeitig kommt es im Austauchbereich des Werkzeugs zu einer Querschnittsverringerung in der Fügezone, die durch die umgebenden Verbindungsbereiche nur bedingt ausgeglichen werden kann [LEO16]. Besonders für Mischverbindungen wird eine Anbindung bei hohen Differenzen der Fließspannung im Wesentlichen durch den Formschluss im Bereich des Hookings erzeugt. In diesen Bereichen kann auch ein Stoffschluss beobachtet werden, jedoch kam es hier bei Untersuchungen von Liyanage et al. [LIY09] außerdem zu einer Bildung intermetallischer Phasen, Mikrorissen und einem resultierenden Versagen der Proben an der Grenzfläche.

Eine Alternative bietet auch hier der Einsatz stiftloser Werkzeuge. Bakavos et al. [BAK11] demonstrierten anhand verschiedener Ausführungen stiftloser Werkzeuge den komplexen Materialfluss und die Eignung des Schulterreibschweißens für das Fügen von 1 mm dicken EN AW6111-Blechen. Durch die reduzierte Querschnittsverringerung und die feinkörnige Struktur des Schweißgutes konnten hohe Zugfestigkeiten erreicht und die Ausprägung von Hooking-Defekten verringert, jedoch nicht verhindert werden. In Untersuchungen von Cox et al. [COX14] an 1 mm dicken EN AW6061-Blechen wurde die Reduzierung der Scherfestigkeit durch hohe Prozesstemperaturen begründet, bei denen es zu mehreren Rotationen der gesamten Fügezone aufgrund der verringerten Fließspannung kommt. Die Ausbildung von Hooking-Defekten konnte lediglich für hohe Drehzahlen beobachtet werden. Zlatanovic et al. [ZLA20] konnten durch einen kraftgeregelten Schweißprozess und ein konvexes Werkzeugdesign 4 Lagen von 0,3 mm EN AW 5754-Blechen mit reduzierten Verformung und ohne Ablösen der obersten Lage fügen. Dabei wurde festgestellt, dass die Mikrostruktur in der Fügezone stärker durch die hohen Dehnraten und daraus resultierende Kaltverfestigung dominiert wird als durch die thermische Entfestigung durch Erhöhung der Drehzahl. So wurden für Drehzahlen bis 2.500 U/min beziehungsweise Dehnraten bis 400 s^{-1} geringe Korngrößen sowie erhöhte Mikrohärtewerte nachgewiesen während es darüber zu signifikantem Kornwachstum und einer verstärkten Abgrenzung der Fügezone kam (vgl. Abbildung 24).

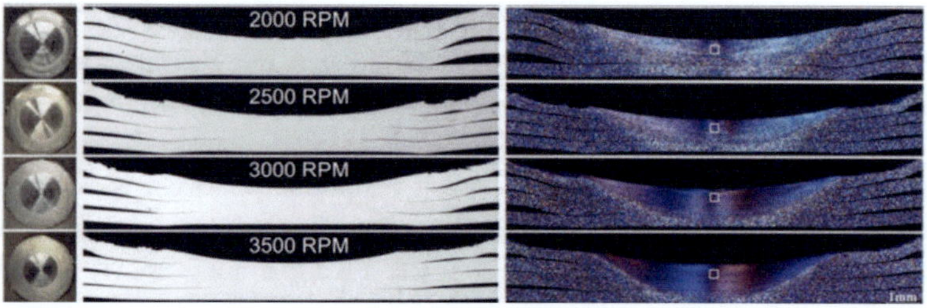

Abbildung 24: Draufsichten und Querschnitte in Abhängigkeit der Drehzahl [ZLA20]

Das Rührreibpunktschweißen von Aluminium und Kupfer ist im Vergleich zur Kombination verschiedener Aluminiumlegierungen, Magnesium oder Stahl beziehungsweise deren Mischverbindungen bisher wenig untersucht. Siddarth et al. [SID17] analysierten die Gratbildung und Oberflächenstruktur des Austauchbereichs von 1,5 mm EN AW5082-/C10100-Verbindungen. Özdemir et al. [ÖZD12] variierten die Eintauchtiefe von 3-mm-Verbindungen und stellten eine Verbesserung der Festigkeiten beim erhöhten Eintauchen in den Kupferwerkstoff fest. Heidemann et al. [HEI13] analysierten den Einfluss der Drehzahl beim FSSW von 1,5 mm und stellten bei erhöhten Festigkeiten die Präsenz eines in den Fügebereich des Stifts extrudierten Kupferrings fest. Mukuna et al. [MUK15] beobachteten an 3-mm-Verbindungen ebenso die gleichmäßige Ausbildung eines Kupferrings in der Grenzfläche durch vertikalen

Materialfluss (vgl. Abbildung 25). Was darüber hinaus auffällt, ist die starke Querschnittsverringerung des Aluminiumblechs, die für die Anwendung dieser Anordnung in elektrischen Verbindungen nachteilig ist.

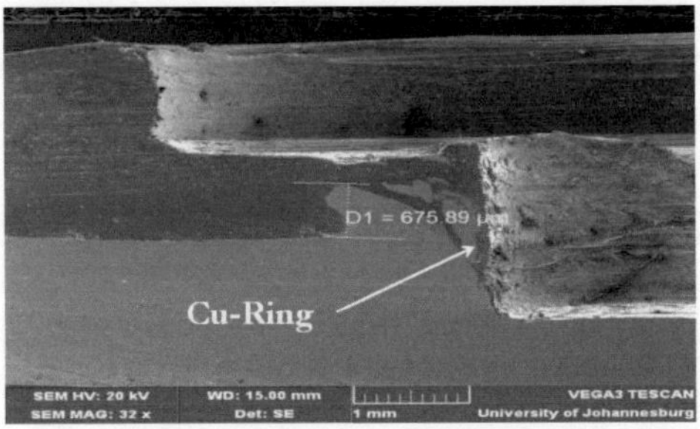

Abbildung 25: Ausbildung eines Kupferrings in der Fügezone [MUK15]

In Untersuchungen durch Shen et al. [SHE14] an EN AW5083/EN CW024A kam es zur Bildung einer eutektischen Erstarrungsstruktur mit zahlreichen Ausscheidungen, die mit einer ternär-eutektischen Reaktion im System Al-Mg-Cu begründet wurde. Eine systematische Nutzung dieses Effekts fand jedoch nicht statt.

Zusammenfassend besteht die zentrale Herausforderung für FSSW-Verbindungen in der Abstimmung zwischen der maximalen Verformung der Fügepartner durch hohe Eintauchtiefen oder Stiftlängen und dem Erreichen hinreichender Diffusionsvorgänge an der Grenzfläche.

2.3.3.4 Fügen von Kabel-Ableiter-Verbindungen

Eine besondere Herausforderung für das Fügen von Aluminium und Kupfer stellt das Verbinden von Aluminiumlitzen und Kupferableitern dar. In zahlreichen Anwendungen werden Kupfer- durch Aluminiumlitzen substituiert, um Materialkosten und -gewicht zu sparen. Aufgrund des Kriechverhaltens von Aluminium und der isolierenden natürlichen Oxidschicht müssen angrenzende Schraub- und Steckverbindungen trotzdem in Kupferbauweise bestehen bleiben, um einen Abfall der Verbindungskraft unter thermischer Beanspruchung zu vermeiden. Somit ergibt sich in zahlreichen Anwendungsbereichen der Leistungsübertragung die Notwendigkeit der artfremden Kontaktierung der Kabel und der Kontaktelemente in Form von Blechen, Hülsen oder

Rohrkabelschuhen. Hierbei muss neben der Verbindung der artfremden Grundwerkstoffe auch eine stoffschlüssige Verbindung der Einzeldrähte beziehungsweise eine gleichförmige Stromeinleitung über den Kupferkontakt ermöglicht werden. Dies kann einerseits durch ein Aufbrechen der Oxidschichten zwischen den Einzelkabeln und der Herstellung der Querleitfähigkeit bei einer seitlichen Verbindung oder durch die stirnseitige Verbindung erzielt werden.

Ein etabliertes Verfahren für die Herstellung einer Überlappverbindung stellt das Ultraschallschweißen dar. Durch den Eintrag longitudinaler oder torsionaler Schwingungsenergie [TEL14] [REG17] werden die Aluminiumdrähte durch innere Reibung erwärmt, Oxidschichten aufgebrochen und die Litze durch den Fügedruck kompaktiert beziehungsweise stoffschlüssig mit einem Kontaktteil verbunden. Als Herausforderung ist hier im Besonderen eine vollständige Kompaktierung des Aluminiumkabels zu sehen, um eine gleichmäßige Stromeinleitung in den Ableiter zu gewährleisten. Des Weiteren wurden innerhalb der letzten Jahre verschiedene stoffschlüssige Fügeverfahren zur stirnseitigen Verbindung von Kabeln und Kontaktelementen entwickelt, die hauptsächlich das Ziel der Herstellung einer querleitenden Verbindung der Einzeldrähte am Litzenende verfolgen. Gleichzeitig kommt es zu einer Anbindung des Kontaktelements an der Stirnseite oder Mantelfläche des kompaktierten Kabelbereichs. Die Verbindung kann zum Beispiel durch reibbasierte Prozesse (vgl. Abbildung 26) über Rotationsreibschweißen eines verpressten Kabels mit einem Kontaktelement [AUT00], durch Rührreibpunktschweißen einer auf ein zuvor kompaktiertes [NEX16] [REG17]$_2$ oder unkompaktiertes Kabelende positionierten Kappe [NEX14] sowie durch das Rührreibschweißen des Litzenendes in einer Hülse [INN14] hergestellt werden.

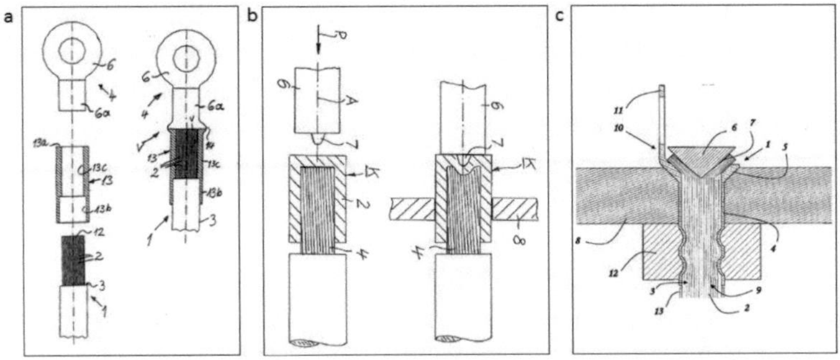

Abbildung 26: Übersicht stirnseitiger Fügetechnologien: a) Rotationsreibschweißen mit Hülse [AUT00], b) Rührreibpunktschweißen mit Kappe [NEX14], c) Rührreibpunktschweißen mit Hülse [INN14]

Darüber hinaus kann eine Verbindung der Kabel auch durch den Einsatz eines Zusatzwerkstoffes erreicht werden. Beispiele sind Plasmalöten des Litzenendes in einer Hülse, die gleichzeitig durch das Lot verschlossen wird [GEB06], Kaltgasspritzen [SIE09] oder Verzinnen innerhalb eines Kabelschuhs [AUT13].

2.4 Fügen im Grenzbereich durch eutektische Aufschmelzung

2.4.1 Eutektische Erstarrung

Da zahlreiche Zweistoffsysteme eine vollständige Unlöslichkeit im festen Zustand aufweisen, entstehen im festen Zustand in vielen Systemen zwei Phasen, wobei es oft zum Zerfall der Schmelze in fast reine Komponenten der Stoffe A und B kommt. Geschieht dies gleichzeitig bei einer bestimmten Materialkonzentration c_E, wird von einer eutektischen Erstarrung gesprochen [ILS16]. Im Gegensatz zu anderen Zusammensetzungen findet die Erstarrung am eutektischen Punkt nicht intervallförmig statt. Stattdessen weist eine eutektische Zusammensetzung eine Erstarrung wie ein Reinstoff bei einer Temperatur T_E auf, die jedoch unterhalb der Solidustemperatur der enthaltenen Reinstoffe liegt. Da keine vollständige Löslichkeit im festen Zustand vorliegt, kommt es gleichzeitig zur Bildung zahlreicher Kristallisationskeime mit der Zusammensetzung der reinen Komponenten A und B. Hierbei entsteht ein Haltepunkt in der Abkühlkurve, da sich die Temperatur am Gleichgewichtspunkt der drei vorhandenen Phasen (Schmelze, A, B) erst weiter ändern kann, wenn die gesamte Schmelze erstarrt ist. Da die Kristallisation schneller als bei jeder anderen (nicht eutektischen) Zusammensetzung des Systems erfolgt, behindern sich die Keime gegenseitig im weiteren Wachstum. Resultierend daraus entsteht ein typisches feinkörniges Gefüge mit einer lamellenartigen Erstarrungsstruktur, wie in Abbildung 27 dargestellt. [BAR12] [SCH78]

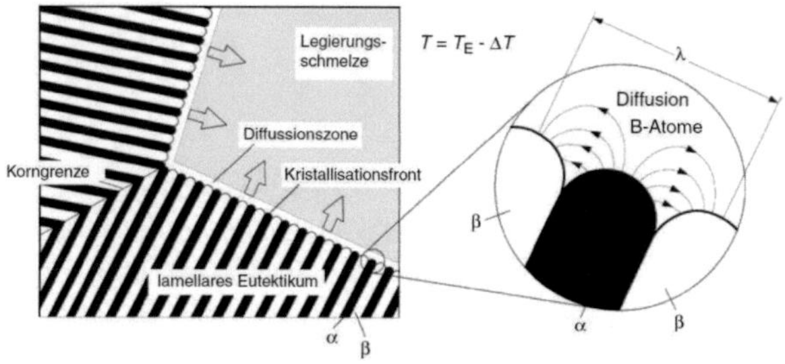

Abbildung 27: Lamellare Erstarrung einer eutektischen Legierung [ILS16]

Eine relevante Größe für die Beurteilung der Erstarrungsstruktur von regelmäßigen Eutektika stellt der Lamellenabstand dar, der sich je nach Wachstumsgeschwindigkeit der Kristalle und Unterkühlung der Schmelze ergibt. Dabei versucht das System, ein energetisches Gleichgewicht zwischen Diffusionsweg und notwendiger Grenzflächenenergie zu erreichen. Bei kleinem Lamellenabstand sind die Diffusionswege kurz. Das heißt, wenn es bei der Erstarrung der dargestellten Phase α zur Anreicherung der davor befindlichen Schmelzeschicht mit Phase β kommt, kann der Konzentrationsunterschied vor der Erstarrungsfront durch Diffusion vergleichsweise schnell ausgeglichen werden, wie die Pfeile in Abbildung 27 illustrieren. Jedoch ist hierbei eine hohe Grenzflächenenergie zwischen α und β aufzuwenden. Eine gleichmäßig lamellare eutektische Erstarrung findet hierbei statt, wenn die beteiligten Phasen ähnliche Schmelzentropien und Volumenanteile aufweisen [MUR13]. Neben der lamellaren Erstarrungsstruktur treten für Metall-Eutektika außerdem faserförmige Erstarrungsstrukturen auf, wenn der Anteil einer Komponente kleiner als 0,3 ist. Für Metall-/Nichtmetall- oder Halbmetall-Eutektika können hingegen unregelmäßige, facettierte Strukturen beobachtet werden [SOU00].

Bei Konzentrationen mit $c < c_E$ findet wie in Abbildung 28 am Beispiel des Systems Al-Cu dargestellt während der Erstarrung fortschreitend ein

Ausscheiden der Phase α aus der Schmelze beziehungsweise dem Zweiphasengebiet statt. Kurz nach Erstarrung liegt die vorhandene Konzentration des Stoffes B in den α-Ausscheidungen vollständig gelöst vor. Da die Löslichkeit von B in A mit sinkender Temperatur abnimmt, werden bei fortschreitender Erstarrung und Erreichen der Löslichkeitslinie Teile der Komponente B aus dem Mischkristallgitter ausgeschieden. Der erstarrende Mischkristallbereich befindet sich somit immer gerade so an der Löslichkeitsgrenze. Die Ausscheidung aus dem übersättigten Mischkristall findet in der festen Phase durch Diffusion statt und läuft somit vergleichbar langsam ab. Die Ausscheidungen setzen sich dabei in kleinen Mengen bevorzugt an energetisch günstigen Stellen wie Korngrenzen oder Versetzungen ab.

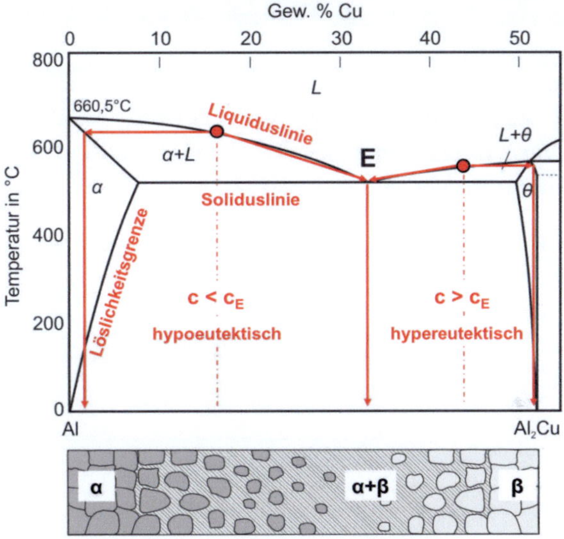

Abbildung 28: Hypo- und hypereutektische Erstarrung

Die Restschmelze reichert sich durch die zuvor beschriebenen Vorgänge bis zum Erreichen der eutektischen Konzentration c_E kontinuierlich mit Stoff B an. Die Liquidustemperatur bei der Zusammensetzung sinkt entsprechend der Liquiduslinie und die Schmelze erstarrt bei Erreichen der eutektischen Temperatur sekundär. Dies wird als Erstarrung in unter- oder hypoeutektischer Zusammensetzung bezeichnet. Der gleiche Effekt kann für überbeziehungsweise hypereutektische Zusammensetzungen beobachtet werden [ILS16].

In diesen Fällen kann auch der Transport von Restschmelze vor der erstarrenden Front einen Einfluss auf den Lamellenabstand haben, da es durch die Schmelze zu einer Scherbelastung der Lamellenzwischenräume kommt. Während es bei nahezu eutektischer Zusammensetzung nur zu einem geringen Einfluss kommt, können die Lamellenabstände in hypoeutektischen Zusammensetzungen deutlich vergrößert und in hypereutektischen Zusammensetzungen sowohl vergrößert als auch verringert werden [LEE05]. Darüber hinaus kann die Präsenz von Verunreinigungen oder weiterer Legierungselemente zu einem Aufbrechen der eutektischen Erstarrungsfront und der Bildung zellularer Strukturen mit einer Ablagerung der Fremdelemente an den Zellwänden führen. Weicht die Zusammensetzung der Schmelze X_0, wie in Abbildung 29 dargestellt, stark von der eutektischen Zusammensetzung X_E ab, kommt es bei der Temperatur T_1 zunächst zum Erstarren A-reicher Konzentrationen in Form von α-Primärdendriten. Dabei reichert sich die Schmelze mit B an, bis die eutektische Zusammensetzung erreicht wird und erstarrt.

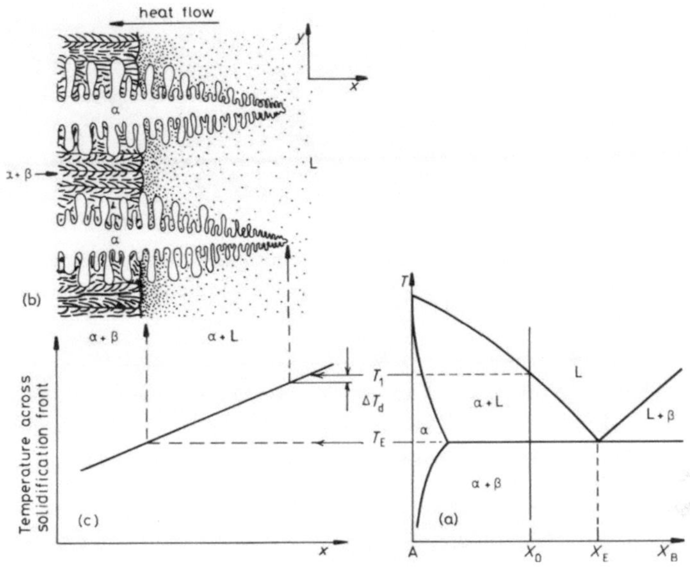

Abbildung 29: Erstarrungsmorphologie bei hypoeutektischer Zusammensetzung [POR92]

Unter Annahme eines flachen Temperaturgradienten befinden sich die Dendritenspitzen in einer Schmelze, die die Temperatur T_1 aufweist, während sich die eutektische Front dahinter bei T_E ausbildet. Während der Verdickung der Dendriten kommt es aufgrund des Fehlens von Festphasendiffusion in den äußeren Bereichen zu einer Abnahme der Konzentration von A, da die Erstarrung zu diesem Zeitpunkt entlang der Liquiduslinie bei kühleren Temperaturen $T_1 > T > T_E$ stattfindet. Der entstehende Konzentrationsverlauf der Dendriten wird als „Coring“ bezeichnet. [POR92]

Ein weiteres Erscheinungsbild stellt die Erstarrung in Form eines getrennten Eutektikums, auch als „divorced eutectic“ bezeichnet, dar. Dies tritt auf, wenn der Anteil eines Stoffes gering ist, sodass die Erstarrung von der jeweils anderen Phase dominiert wird. Wie in Abbildung 30 dargestellt, wird die eutektische Erstarrung während des zunehmenden Dendritenbreitenwachstums räumlich eingeschränkt und kann nur in dünnen Filmen oder Tropfen erfolgen.

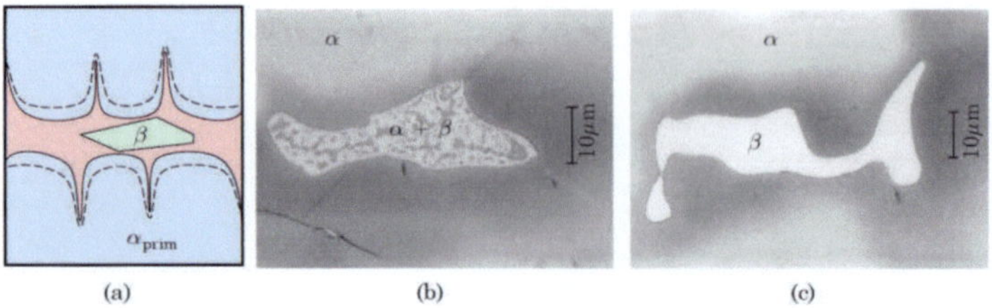

Abbildung 30: a) Schematische Darstellung getrennt-eutektischer Erstarrung, b) teilweise und c) vollständig getrennte eutektische Erstarrung in einer AZ91E-Legierung [DAN16]

In diesem Bereich verkürzen sich die Diffusionswege soweit, dass keine Energiegewinnung durch die Bildung der eutektischen Struktur möglich ist, sodass sich die sekundäre Phase wie in Abbildung 30b und c teilweise oder vollständig unabhängig von der primären Phase bildet. [DAN16]

Auch die Abkühlgeschwindigkeit beeinflusst die Erstarrung signifikant. Liegt eine ausgeprägte Unterkühlung der Schmelze vor, kommt es zu einer schnellen Erstarrung und einer Abgabe latenter Wärme ausgehend von der Erstarrungsfront in die Restschmelze. Dies kann in Abhängigkeit der weiteren Wärmetransportbedingungen und der Menge der gleichzeitig abgegebenen Wärme zu Rekaleszenz, das heißt zu einem erneuten Temperaturanstieg, und besonders bei großflächiger gleichzeitiger Erstarrung zu einem erneuten Aufschmelzen gerade erstarrter Bereiche führen [LIU13]. In lamellar erstarrten eutektischen Bereichen entstehen auf diese Weise anomale Strukturen mit unregelmäßiger Form und gröberer Mikrostruktur als die umliegenden lamellaren Bereiche. Für das eutektische System Co-Sn wurde wie in Abbildung 31a bei starker Unterkühlung die Bildung einer anomalen eutektischen Erstarrungsstruktur beobachtet, von deren Randbereichen radial angeordnet die typisch feinlamellaren Bereiche ausgehen.

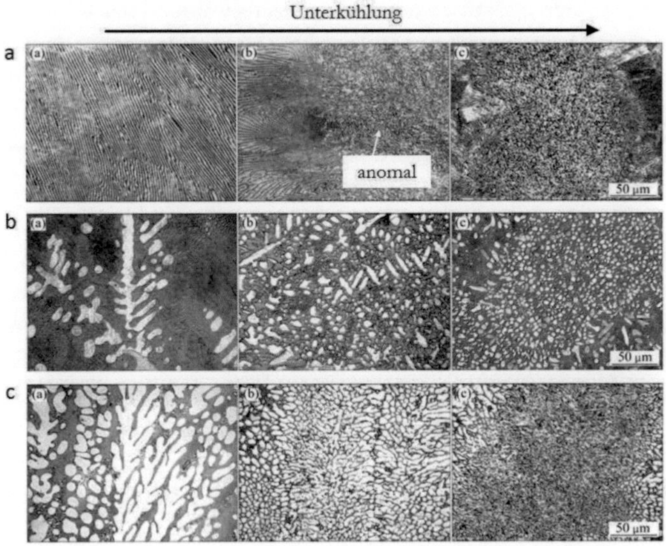

Abbildung 31: Erstarrungsstruktur für
a) Co24%Sn (eutektisch) unterkühlt um 15 K (a), 43 K (b) und 110 K (c);
b) Co18%Sn (hypoeutektisch) unterkühlt um 63 K (a), 170 K (b) und 210 K (c);
c) Co30%Sn (hypereutektisch) unterkühlt um 20 K(a), 108 K (b) und 118 K (c) [LIU13]

Für eine hypoeutektische Zusammensetzung kommt es bereits bei geringer Unterkühlung zunächst zur Bildung von α-Co-Dendriten – und hierbei auch zum ersten Rekaleszenzpunkt – zwischen denen die eutektische Restschmelze lamellar erstarrt, was zum zweiten Rekaleszenzpunkt führt (Abbildung 31b). Eine stärkere Unterkühlung führt bei dieser Zusammensetzung zum zunehmenden Aufbrechen der Dendritenarme und der Bildung anomaler eutektischer Strukturen in den Zwischenräumen. Dies wird damit begründet, dass es bei starker Unterkühlung zu einer annähernd gleichzeitigen Erstarrung der eutektischen Zusammensetzung und Ausscheidung der primären Phase kommt. Somit überlagern sich die Rekaleszenzpunkte und es entsteht eine feinere Mikrostruktur. Darüber hinaus kann bei starker Unterkühlung die Erstarrungsgeschwindigkeit der eutektischen Zusammensetzung höher sein als die Wachstumsgeschwindigkeit der Dendriten, sodass das Aufbrechen der

Dendriten dadurch erklärt werden kann, dass es während der Keimbildung vor der Erstarrungsfront bereits zu einer eutektischen Erstarrung im Zwischenraum kommt [STE04].

Für eine hypereutektische Zusammensetzung ergibt sich eine ähnliche Morphologie, mit dem Unterschied, dass zunächst die Co_3Sn_2-Phase ausgeschieden wird (Abbildung 31c). Beide primär ausgeschiedenen Phasen weisen eine kaum nachweisbare Umrandung mit der jeweils anderen Phase auf [LIU13], von der die feinlamellaren Bereiche ausgehen. Shen et al. [SHE14] führen diesen Effekt auf die Ausscheidung des Stoffes B aus dem übersättigten Mischkristall während der Erstarrung zurück. Hierbei wird der überschüssige Anteil B aus dem Korn an die Korngrenzen transportiert. Ist die Erstarrung jedoch weit fortgeschritten und die Abkühlgeschwindigkeit hoch, verringern sich auch die Diffusionsgeschwindigkeit und der mögliche Diffusionsweg, sodass keine Diffusion in die umliegende Schmelze mehr stattfinden kann. Der überschüssige Anteil B bildet wie zuvor beschrieben einen Saum um die erstarrte A-Phase.

2.4.2 Besonderheiten im System Aluminium-Kupfer

Bei einer Auslagerung von Aluminium-Kupfer-Mischverbindungen im Bereich der eutektischen Temperatur von 548,2 °C verändern sich die Reaktionsmechanismen gegenüber der zuvor beschriebenen Festkörperdiffusion. Es kommt zur Bildung einer Flüssigphase, die die darauffolgenden Diffusionsmechanismen signifikant beeinflusst.

Han et al. [HA+15] konnten beim Erwärmen von Al-Cu-Proben auf 550 °C bei einer Haltezeit von 10 min noch keine ausgeprägte Verbindungsbildung trotz eutektischer Reaktion und Schmelzebildung feststellen. In der XRD-Analyse wurden auf der Aluminiumseite lediglich Oxidreste, jedoch keine Kupferanteile festgestellt. Dies wurde auf die diffusionshemmende Wirkung des Aluminiumoxids zurückgeführt. Eine weitere Erhöhung der Haltezeit führte zu einer signifikanten Schmelzebildung, einem Austreten von Schmelze aus der Fügezone sowie zu dem Transport dieser entlang der äußeren Kupferoberfläche. Da es während des ersten Kontakts der Rauheitsspitzen und der resultierenden Scherspannung zu einem Aufbrechen der Oxidschichten kommt, beginnen Diffusion und Schmelzebildung an diesen Stellen. Auf Basis dessen wird davon ausgegangen, dass weitere Oxidfragmente durch die sich bildende und entlang der Grenzfläche fließende Schmelze verteilt und transportiert werden, bis ein vollständig blanker Kontakt der Metalle besteht und sich an den Kontaktstellen immer mehr Schmelze bildet. Im weiteren Verlauf kam es zunächst zur Bildung von α-Aluminium, da der Diffusionskoeffizient von Kupfer in Aluminium höher ist als umgekehrt und sich dieser Unterschied mit steigender Temperatur noch deutlicher ausprägt. Wird bei fortschreitender Diffusion der Übergang des α-Mischkristallbereichs zum Zweiphasengebiet α + Schmelze erreicht, kommt es an der Grenzfläche zur Bildung der Schmelzeschicht. Ab diesem Punkt diffundieren Aluminium- und Kupferatome in Abhängigkeit des Diffusionskoeffizienten in die entstehende gemeinsame Schmelze. Die Grenzfläche von fester Aluminiumoberfläche am Übergangspunkt zur Schmelze verschiebt sich entsprechend weg vom Kupfergrundwerkstoff. Die resultierende Mikrostruktur in Abbildung 32 zeigt neben der Ausbildung der prinzipiellen Phasen Al_4Cu_9 (γ_2), AlCu (η), Al_2Cu (θ) eine besondere Morphologie der Phasengrenze von Al_2Cu zur eutektischen Struktur.

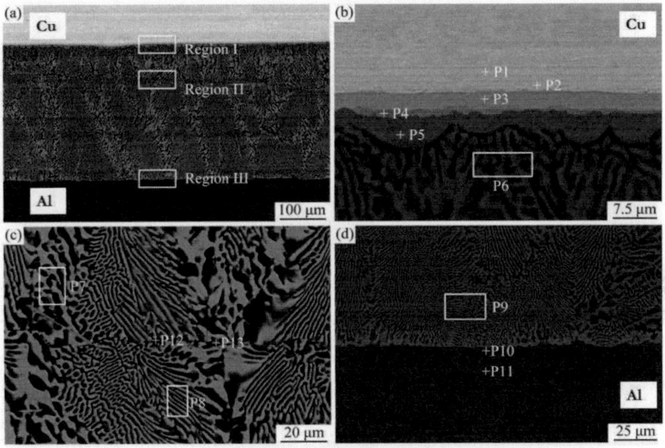

P1, P2	**Cu**	**P6, P7**	**anomal eutektisch**
P3	**Al_4Cu_9**	**P8, P9**	**lamellar eutektisch**
P4	**AlCu**	**P10**	**α-Al**
P5	**Al_2Cu**	**P11**	**Al**

Abbildung 32: (a) Panoramaaufnahme und (b)–(d) Grenzflächenstruktur von Diffusionsproben nach einer Haltezeit von 20 min bei 550 °C [HA+15]

Hier bilden sich halbkreisförmige Strukturen (P4, P5), an die der eutektische Schmelzebereich anschließt. Han begründet dies mit der erhöhten Diffusionsgeschwindigkeit entlang der Korngrenzen im Vergleich zur Volumendiffusion. Darüber hinaus kann es sich auch um die zunehmende Destabilisierung an der Erstarrungsfront beim Übergang von planarer zu dendritischer Erstarrung handeln [STE04].

Bei weiterer Einwirkung der Temperatur kommt es zu einer voranschreitenden Anreicherung der Schmelze mit Kupferatomen und entsprechendem Wachstum der kupferreichen Phasen Al_4Cu_9 (A), AlCu (B) und Al_2Cu (C) (vgl. Abbildung 33a).

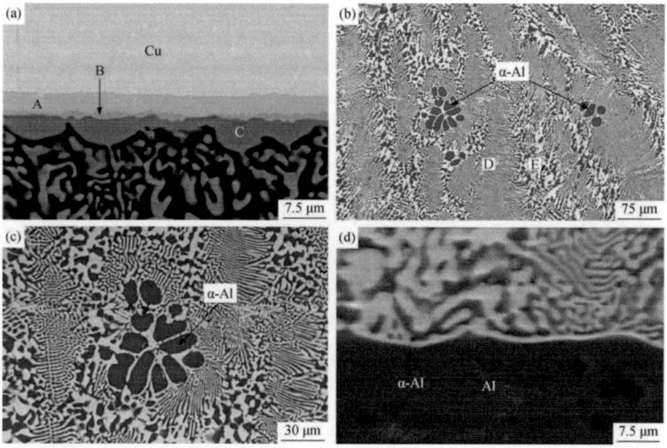

Abbildung 33: Grenzflächenstruktur einer diffusionsgeschweißten Probe bei einer Haltezeit von 10 min und 560 °C; a) Kupferseite, b) eutektischer Bereich, c) Detailaufnahme, d) Aluminiumseite [HAN15]

Während der Abkühlung erstarrt die verbleibende Schmelze in lamellarer (D) und anomaler (E) eutektischer Struktur. Es wird außerdem die Bildung dünner Phasensäume der kupferreicheren Phasen, jedoch mit schichtförmigem Aufbau ohne die Bildung von Lamellen beobachtet. Gemäß Han entsteht die eher einheitliche Form, zum Beispiel die der Al_4Cu_9-Schicht, dadurch, da sich diese Phase durch Festphasendiffusion von Cu in Al entwickelt und dementsprechend gering ausgeprägt ist. Es wird postuliert, dass nach Ausscheidung der Al_2Cu-Phase an der Grenzfläche weiterhin Aluminiumatome durch die Schicht zum verbleibenden Kupfer diffundieren und eine zunehmende Umwandlung von Al_2Cu in Al_4Cu_9 verursachen, was auch für Reaktionen unterhalb der eutektischen Temperatur beobachtet wird. [HA+15]

Tavassoli et al. [TAV16] postulieren nach, dass sich abgesehen von Al_2Cu alle vier verbleibenden, kupferreicheren Phasen nach der Erstarrung der Al_2Cu-Phase bei Unterschreitung der eutektischen Temperatur durch Festphasendiffusion bilden. Die Phasen benötigen höhere Diffusionszeiten als bei der Flüssigphasendiffusion während der eutektischen Reaktion, sie sind daher bei Auslagerungs- oder Prozesstemperaturen über 548 °C deutlich dünner ausgeprägt als die restlichen Phasen.

Abbildung 33b zeigt außerdem das blumenförmige Wachstum isolierter α-Aluminiumkolonien, das zufällig im Bereich der eutektischen Erstarrung stattfindet, vermutlich da es hier zu einer raschen Diffusion von Aluminium in die Schmelze kommt. Beim Vergleich von Proben, deren Abkühlgeschwindigkeit durch Luft- und Wasserkühlung während des Erstarrens beeinflusst wurde, zeigt sich für die schnellere Abkühlung ein erhöhtes Aufkommen derartiger Strukturen. Dies wird damit begründet, dass während einer etwas langsameren Abkühlung das Wachstum von Dendriten in den Schmelzebereich diese Störungen unterdrückt [HAN15]. Darüber hinaus zeigt ein Vergleich der Abkühlraten einen signifikanten Einfluss auf die Gesamtmorphologie der Grenzflächenstruktur, wie in Abbildung 34 dargestellt ist.

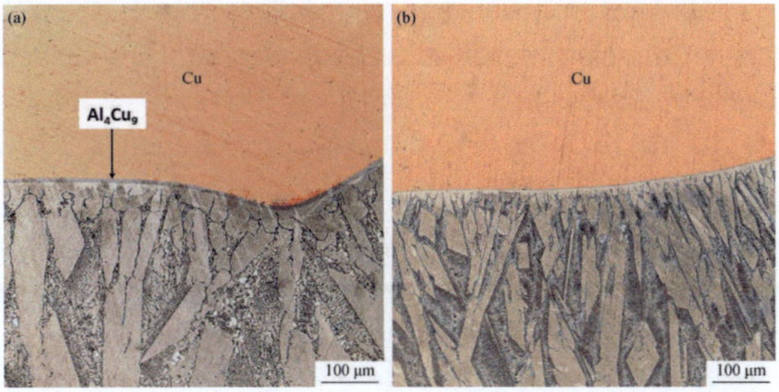

Abbildung 34: Vergleich von Luft- (links) und Wasserkühlung (rechts) bei einer Ausgangstemperatur von 560 °C [HAN15]

Zum einen führt die Wasserkühlung zu einer starken Reduzierung des Al_4Cu_9-Phasensaum. Zum anderen beeinflusst die Abkühlung den Lamellenabstand, der sich wiederum auf die mechanischen Eigenschaften der Verbindung auswirkt. So wurde bei einer Temperatur von 560 °C und 580 °C eine Härtesteigerung (HV 0,05) um jeweils 21 % und 25 % im lamellar eutektisch erstarrten Bereich sowie um bis zu 45 % im anomal eutektisch erstarrten Bereich durch Wasserkühlung festgestellt. Auch der Lamellenabstand wurde für beide Schweißtemperaturen um mehr als 50 % reduziert.

Im Übergang zum Aluminiumgrundwerkstoff wird darüber hinaus ein bevorzugtes Eindringen der Schmelze an den Korngrenzen des Aluminiums beobachtet, was beim reaktiven Kontaktlöten auf die thermodynamisch günstigeren Bedingungen der Oberflächenenergie und Diffusionsbedingungen zurückgeführt wird. Die Aluminiumatome an den Korngrenzen weisen ein hohes chemisches Potenzial gegenüber den im Gitter gebundenen Atomen auf, sodass ein Übergang in die Flüssigphase zu einer Reduzierung des grenzflächenbezogenen Energieanteils führt. Durch die kontinuierliche Diffusion von festem Aluminium aus den Korngrenzenbereichen in die Flüssigphase schreitet die eutektische Reaktion fort und es kommt zu einer Ausdehnung an der Grenzfläche durch den Volumensprung von Feststoff zu Schmelze. [YIR01] [WU+07]

Die Erstarrungsmorphologie des Eutektikums kann neben der Abkühlgeschwindigkeit durch weitere externe Umgebungseinflüsse geprägt werden. Verschiedene Untersuchungen stellten unter Einwirkung eines magnetischen Felds eine signifikante Reduzierung des Phasenwachstums [XU+11]$_2$ beziehungsweise eine Erhöhung der notwendigen Bildungsenthalpie [LI+09], um bis zu 13 % an der Grenzfläche von festem Aluminium und flüssigem Kupfer fest.

Durch die Erhöhung des Umgebungsdrucks während der Erstarrung kann eine signifikante Gefügefeinung erzielt werden, die unter anderem auf die Reduzierung des kritischen Keimradius zurückgeführt wird. Für AlSi12Cu wurde für einen Druck von 34 MPa neben einer Kornfeinung eine Verlagerung des eutektischen Punkts hin zur Si-Konzentration und damit die Erhöhung des α-Aluminiumanteils in der erstarrten eutektischen Phase sowie eine Erhöhung der eutektischen Temperatur um 5 °C beobachtet. Des Weiteren findet durch die

Erhöhung des Drucks eine leichte Verschiebung der Gleichgewichtsbedingungen des eutektischen Punkts hin zu einer höheren Kupferkonzentration statt. [SUN08] [ZHA14]

Als ein weiterer Faktor für die Erstarrungsstruktur wird die gravitätsbedingte Konvektion beschrieben. Bei der Ausscheidung von intermetallischen Phasen oder Mischkristallen reichert sich die Restschmelze mit den gelösten Stoffen an, die nicht in die Erstarrungskristalle eingebaut wurden. Somit verändert sich die Masse der Restschmelze, und in Abhängigkeit der Wachstumsrichtung der Dendriten verändert sich die Morphologie. Findet eine Erstarrung nach oben statt, während sich die Schmelze mit schwereren Atomen anreichert, sinkt diese nach unten in die Dendritenzwischenräume. Die Konvektion wird somit begrenzt, es kann jedoch zu einem erhöhten Aufbrechen von Dendritenarme kommen. Findet das Wachstum jedoch nach unten statt, kann es zu starken Unregelmäßigkeiten der Konvektion durch die Veränderung der Konzentrations- und Wärmeverteilung vor der Erstarrungsfront kommen. [CLA15]

Durch die Erstarrungsbedingungen werden neben der Mikrostruktur auch die mechanischen Eigenschaften beeinflusst. Lawson [LAW71] untersuchte die mechanischen Eigenschaften von eutektisch erstarrten Al-Cu-Legierungen in Abhängigkeit der Abkühlgeschwindigkeit (vgl. Abbildung 35).

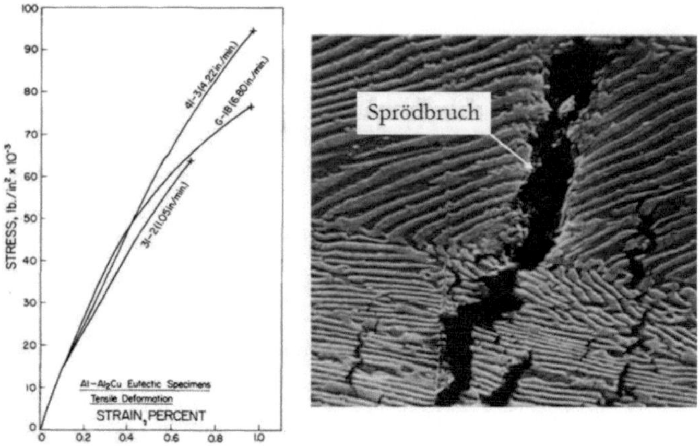

Abbildung 35: Einfluss der Abkühlrate auf die Zugfestigkeit von Al-Al_2Cu [LAW71]

Das Bruchverhalten in der α-Phase zeigt an sich einen duktilen Charakter, wohingegen die Kompositstruktur eine flächige, spröde Bruchausbreitung aufweist. Eine Erhöhung der Abkühlrate führt zu einer Verkleinerung des Lamellenabstands λ, der zu einer Reduktion der Bruchdehnung auf bis zu 0,7 % führt. Im Vergleich dazu weist Kupfer je nach Kaltverfestigung eine Bruchdehnung von 5 bis 40 % [COP20] auf. Insgesamt zeigen die Untersuchungen ein sprödes Versagensverhalten der Struktur, besonders bei erhöhter Abkühlrate. Tiwary et al. [TIW12] stellten ebenfalls eine Verringerung der Festigkeit und Duktilität mit Verringerung des Lamellenabstands fest.

Weitere Erkenntnisse im Bereich des Übergangs zwischen Fügezone/Schmelze und Aluminiumgrundwerkstoff können aus Kenntnissen zu Al-Cu-Legierungen gewonnen werden, die sich durch hohe Festigkeit und Verschleißfestigkeit auszeichnen. Durch die limitierte Löslichkeit von Kupfer in Aluminium, die bei 548 °C 5,7 Gew.-% beträgt und bei Raumtemperatur auf 0,1 Gew.-% sinkt, kommt es bei Kalt- oder Warmaushärtung zu einer Entmischung des übersättigten Mischkristalls. Die dabei entstehenden, metastabilen Guinier-Preston-Zonen tragen zu einer signifikanten Festigkeitssteigerung bei und wandeln sich bei weiterer Auslagerung in Al_2Cu-Ausscheidungen um. [OST07]

Zusammenfassend kann festgehalten werden, dass es durch die eutektische Reaktion zu einer lokalen Schmelzebildung bei der dafür niedrigsten Temperatur des Zweistoffsystems kommt, deren Erstarrungsmorphologie signifikant von den Prozess- und Umgebungsbedingungen abhängt. Ein für fügetechnische Anwendungen signifikanter Aspekt ist hierbei, dass eine ausgeprägte eutektische Reaktion und eine Erstarrung stattfinden können, ohne dass die Randbedingungen für die Bildung kupferreicher Phasen (Al_4Cu_9, AlCu) erreicht werden. Diese Randbedingungen setzen sich beispielweise aus niedriger Prozesstemperatur, hohen Aufheiz- und Abkühlraten oder einem geringen Energieeintrag zusammen, der die benötigten Aktivierungsenergien nicht überschreitet.

2.4.3 Prozesstechnische Ansätze

2.4.3.1 Löten/TLPB

Lötverfahren bieten den Vorteil, eine große Anbindungsfläche ohne das Aufschmelzen der Grundwerkstoffe zu erzielen. Jedoch kann es durch den zusätzlichen Fremdstoff in der Fügezone zu einer Erhöhung des Kontaktwiderstands kommen. Für Aluminium-Kupfer stehen verschiedene Lotsysteme zur Auswahl. So finden AlSi-basierte Legierungen am häufigsten Einsatz, jedoch kann es aufgrund der relativ hohen Schmelztemperatur zur Bildung intermetallischer Phasen und ausgeprägter Reaktionen mit den Grundwerkstoffen kommen, weshalb Lote auf ZnAl-Basis bevorzugt werden.

Neben konventionellen eutektischen Loten stellten Hofe et al. [HOF50] bereits 1950 die Vorteile der eutektischen Reaktionen beim Einpressen eines zuvor auf 620 °C erwärmten, angespitzten Kupferstabs in einen Aluminiumstab fest. Hier konnte eine Verbindung durch eutektische Schmelzebildung sowie das Herauspressen dieser während des Prozesses erzielt werden. Untersuchungen von Wang et al. [WAN17] zum Induktionslöten von Aluminium und Kupfer erzielten bei einer Fügetemperatur von 600 °C und 2 s Prozesszeit hohe Festigkeiten mit einem Versagen der Proben im Aluminiumgrundwerkstoff, während an der Grenzfläche eine maximale Phasensaumbreite von 2 µm erreicht wurde. Der Übergang derartiger Ansätze ohne Zusatzwerkstoff zu Pressschweißverfahren ist fließend, aber bisher wenig erforscht.

Das teilweise auch als Diffusionslöten bezeichnete Transient Liquid Phase Bonding (TLPB) weist Ähnlichkeiten zum Diffusionsschweißen auf, jedoch werden üblicherweise Zwischenschichten mit einer Dicke < 150 µm, zum Beispiel in Form von Folien [COO11], zum Fügen artgleicher oder artfremder Werkstoffe eingesetzt, die mit einem oder beiden Grundwerkstoffen eine eutektische Reaktion ausbilden. So kommt es unterhalb der Schmelztemperatur der Grundwerkstoffe zu einer transienten, d. h. vorübergehenden Bildung einer Flüssigphase. Im weiteren Prozessverlauf findet durch die fortschreitende Diffusion eine Homogenisierung und somit Auflösung der Schicht statt.

Chen et al. [CHE14] nutzten Aluminiumfolien für das TLPB von Kupferstrukturen bei einer Schweißtemperatur von 530 bis 610 °C. Hierbei bildeten sich bei geringerer Schweißtemperatur von 530 °C und 5 min Haltezeit zunächst nur Bereiche von Al_4Cu_9, was darauf zurückzuführen ist, dass in diesem Bereich nur Festphasendiffusion stattfindet. Bei einer Erhöhung der Temperatur auf 610 °C zeigte sich hingegen eine vollständige Umwandlung in eutektische Bereiche. Bei einer mittleren Temperatur von 580 °C wurde ein Mischbereich beobachtet, bei dem es in den Randbereichen zum Kupferwerkstoff zu eutektischer Erstarrung und einem dazwischenliegenden Al_4Cu_9-Bereich kam.

Petzoldt [PET19] untersuchte die Übertragbarkeit des TLPB auf direkte Verbindungen von Aluminium und Kupfer durch Diffusionsschweißen. Hierbei wird wie durch Kawakami et al. [KAW07] ein Temperaturbereich oberhalb der eutektischen Temperatur zwischen 550 und 560 °C genutzt, um in kürzeren Zeiten als durch Festphasendiffusion eine stoffschlüssige Anbindung zu erzielen. Während in geringeren Temperaturbereichen lediglich die Bildung von Al_2Cu-Phasensäumen und ausgeprägte Festphasendiffusion beobachtet werden konnten, führten Temperaturen über 558 °C, wie in Abbildung 36 dargestellt, zu einer Ausbildung großer eutektischer Bereiche.

$T_{Cu} = 558\,°C, t_H = 120\,s$ $T_{Cu} = 559\,°C, t_H = 30\,s$ $T_{Cu} = 560\,°C, t_H = 35\,s$

Abbildung 36: Entwicklung der Grenzfläche in Abhängigkeit von Temperatur und Haltezeit [PET19]

Gleichzeitig kam es zu ausgeprägten Phasensäumen von AlCu und Al_4Cu_9, deren Bildung in die vergleichsweise lange Aufheiz- und Abkühlphase einzuordnen ist. Härtemessungen im anomal und lamellar eutektisch erstarrten Bereich zeigten aufgrund der Kompositwirkung nur circa 33% der Mikrohärte im Vergleich zu dem Bereich reiner Al_2Cu-Ausscheidungen (vgl. Abbildung 37).

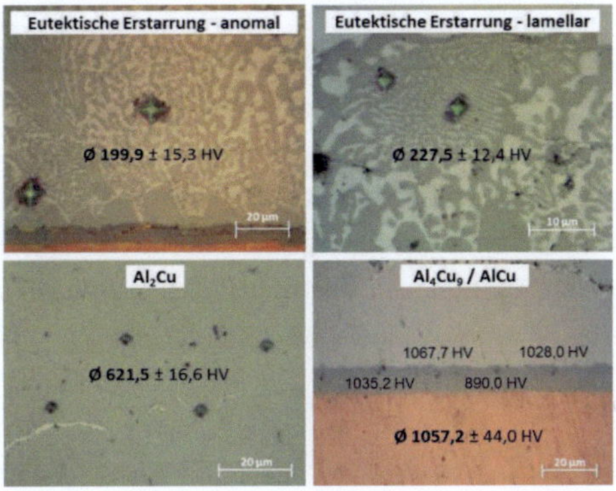

Abbildung 37: Mikrostruktur und Mikrohärte der entstehenden Bereiche [PET19]

Zhang et al. [ZHA10] erzielten durch Kontakt-Reaktivlöten vergleichbare Ergebnisse mit Schmelzesäumen von etwa 500 µm Breite bei einer Temperatur von 575 °C und 5 min Haltezeit. Auffallend sind in Abbildung 38 die vergleichsweise grobe eutektische Struktur mit geringen Anteilen an lamellarer Erstarrung sowie die Bildung von Al_4Cu_9- und AlCu-Phasen mit einer Gesamtdicke von etwa 7 µm, was auf die hohe Temperatur und vergleichsweise längere Haltezeit zurückzuführen ist.

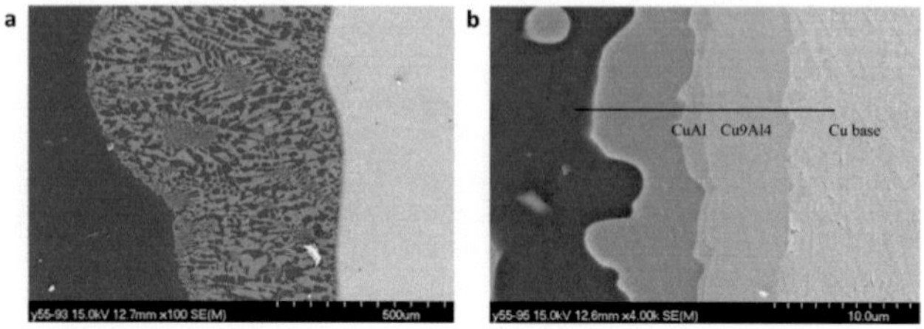

Abbildung 38: Grenzfläche von kontakt-reaktivgelöteten Proben bei 575 °C und 5 min Haltezeit: a) eutektischer Bereich; b) Detailaufnahme im Cu-Übergangsbereich [ZHA10]

2.4.4 Zusammenfassung

Obwohl zahlreiche werkstoffliche Grundlagen für die Mechanismen und entstehenden Strukturen während der eutektischen Schmelzebildung und Erstarrung vorliegen, werden wenige Prozessansätze für das stoffschlüssige Fügen unter Nutzung der eutektischen Reaktion verfolgt. Bei dem Übertrag aus Löt- und Diffusionsschweißanwendungen ist in allen Untersuchungen im Bereich des Übergangs zum Kupfergrundwerkstoff das Wachstum weiterer Phasen außerhalb des eutektischen Systems zu beobachten, die die Verbindungseigenschaften beeinträchtigen. Dies ist entweder auf geringe Aufheiz- und Abkühlraten oder auf hohe Spitzentemperaturen oberhalb von T_E zurückzuführen. Im Bereich der eutektischen Erstarrung selbst sind aufgrund werkstofflicher Effekte Herausforderungen wie Poren- und Heißrissbildung zu erwarten. Darüber hinaus weisen eutektisch erstarrte Bereiche ein sprödes Versagensverhalten auf, was durch hohe Abkühlraten und entsprechend verringerte Lamellenabstände verstärkt wird. Diese schnelle Erstarrung in der Fügezone ist jedoch notwendig, um die Bildung weiterer Phasen zu verhindern. Im aluminiumnahen Bereich ergeben sich hohe Festigkeiten durch die Übersättigung von α-Mischkristallen, sodass Eigenschaften vergleichbar mit denen der AlCu-Legierungen zu erwarten sind.

Trotz dieser Herausforderungen besteht durch die lokale Schmelze die Möglichkeit einer beschleunigten stoffschlüssigen Anbindung der gesamten Grenzfläche. So können zwei wesentliche Defizite der in 2.2 und 2.3 vorgestellten Verfahrensgruppen kompensiert werden:

1. **Fügen oberhalb der Liquidustemperatur:** Durch Schmelzschweißverfahren können Mischverbindungen berührungslos und innerhalb kürzester Zeit gefügt werden. Das Aufschmelzen eines oder beider Grundwerkstoffe an der Grenzfläche resultiert jedoch selbst bei reduziertem Wärmeeintrag in der Bildung intermetallischer Phasen. Die Phasendicke variiert je nach Art und Höhe des Energieeintrags, jedoch sind bei allen eingesetzten Verfahrensvarianten Effekte auf die Verbindungseigenschaften aufgrund der geringen Duktilität und elektrischen Leitfähigkeit der Zwischenschicht zu erwarten. Lösungsansätze in Form von artfremden Zusatzwerkstoffen und Loten können die Grenzflächeneigenschaften verbessern, bedeuten jedoch weitere Prozessschritte.
2. **Fügen unterhalb der Liquidustemperatur:** Durch Festphasenfügeprozesse kann die Phasenbildung aufgrund geringerer Spitzentemperaturen erfolgreich reduziert werden. Gleichzeitig müssen die Diffusionsvorgänge an der Grenzfläche und besonders deren Voraussetzung einer Annäherung der Grundwerkstoffe auf Atomabstand und das Aufbrechen der natürlichen Oxidschichten durch einen Umformanteil realisiert werden. Hierbei sind in den beschriebenen Varianten zum einen signifikante Verformungen und Vermischungen der Grenzflächen und Fügepartner zu beobachten, die ihrerseits zu einer Verminderung der Verbindungseigenschaften führen können. Zum anderen stellt sich bei geringer Umformung an der Grenzfläche die Frage nach dem Einfluss verbleibender Oxidreste über die Lebensdauer des Produkts.

Die gezielte Nutzung der eutektischen Reaktion bietet in diesem Rahmen die Möglichkeit nach Bildung des Initialkontaktes durch Diffusion sowohl die notwendige Prozesstemperatur als auch die Prozesszeit durch den schmelzschweißtechnischen Aspekt der Reaktion zu reduzieren. Diese Kombination der Vorteile von Press- und Schmelzschweißverfahren durch die Zweistoffreaktion ist im derzeitigen Stand der Technik nicht abgebildet oder lediglich als Randeffekt beschrieben. Der Aufbau der entstehenden Grenzflächenstruktur und deren Auswirkungen auf die Verbindung sind entsprechend unbekannt. Ebenso ungeklärt ist die benötigte Prozessführung, um verschiedene Grenzflächenzustände kontrolliert und reproduzierbar zu erzeugen und die makroskopische Bauteilverformung zu minimieren.

3 Zielstellung

Aus dem Stand der Technik lassen sich verschiedene Defizite der vorhandenen Fügeverfahren ableiten. Infolgedessen müssen für großflächige Verbindungen entweder hohe Prozesstemperaturen und entsprechende Phasenbildung oder lange Prozesszeiten beziehungswiese hohe Umformgrade akzeptiert werden.

Ziel der Arbeit ist es daher, durch einen geeigneten Prozessansatz in Kombination mit der Nutzung der eutektischen Reaktion eine großflächige und gleichzeitig übergangsarme Verbindungszone zwischen Aluminium und Kupfer zu erzeugen. Hierbei soll durch einen pressschweißtechnischen Rahmenprozess zunächst eine temperaturreduzierte Verbindungsbildung ausgelöst werden, ohne dass es zu einem Aufschmelzen der Grundwerkstoffe und entsprechender Bildung intermetallischer Phasen kommt. Im zweiten Schritt kann durch die lokale Schmelzebildung während der eutektischen Reaktion eine schmelzschweißtechnisch basierte Ausprägung der Fügezone durch den Benetzungs- und Reinigungseffekt der Flüssigphase erreicht werden. Dem Ansatz liegen folgende Randbedingungen und Wirkmechanismen zugrunde (vgl. Abbildung 39):

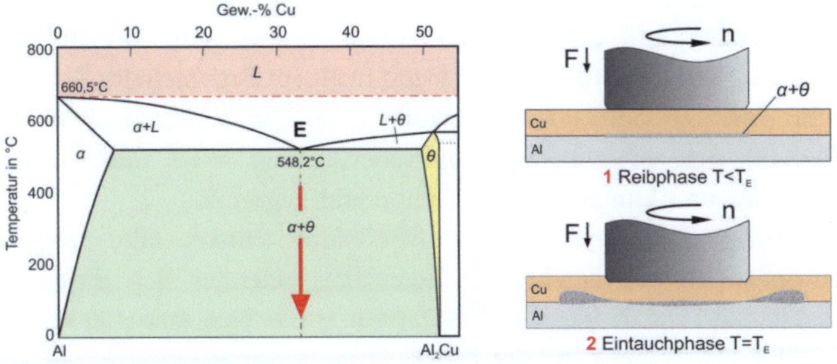

Abbildung 39: Schematische Abbildung der eutektischen Verbindungsbildung

1. **Initialkontakt:** Der reibbasierte Wärmeeintrag durch den Rührreibpunktschweiß(FSSW)-Prozess sowie der konstant wirkende Anpressdruck auf die Fügezone erlauben eine schnelle Annäherung der

Fügeflächen auf Atomabstand durch das mechanische Aufreißen von Oxidschichten während der Einebnung der Rauheitsspitzen. Die dabei wirkende Mikroumformung an der Grenzfläche ist die grundlegende Voraussetzung für den Beginn von Diffusionsprozessen während der Aufheizphase. Gleichzeitig können durch eine kupferseitige Prozessführung aufgrund der höheren Fließspannung eine gesteigerte Aufheizrate und Kraftübertragung auf den Fügebereich realisiert werden. Bei aluminiumseitiger Bearbeitung ist dies durch das starke plastische Fließen des Aluminiums in höheren Temperaturbereichen begrenzt. Die Bildung der Mikrokontaktstellen für weitere Diffusionsvorgänge kann entsprechend ohne eine makroskopische Vermischung der Fügepartner erzielt werden.

2. **Schmelzebildung:** Unter dem wirkenden Anpressdruck und der sich erhöhenden Temperatur wird die Diffusion von Kupfer in Aluminium begünstigt. Bei fortschreitender Diffusion und Erreichen von Temperaturen oberhalb von 548 °C wird unter Gleichgewichtsbedingungen das Zweiphasengebiet von α-Mischkristall und Schmelze erreicht. Durch den teilweisen Übergang in die Flüssigphase erhöhen sich die Diffusionsgeschwindigkeiten um ein Vielfaches. So kann lokal eine Flüssigphase erzielt werden, ohne dass es zum Aufschmelzen der Grundwerkstoffe kommt. Die Verbreitung der Schmelze an der Grenzfläche unter konstantem Fügedruck beschleunigt die Vergrößerung der Initialkontakte und das Aufbrechen der Oxidschicht. Die großflächige Anbindung der Grenzfläche wird somit in einem Bruchteil der Zeit erreicht, die für Festphasendiffusion notwendig wäre. Die Bildung weiterer Phasen außerhalb der eutektischen Zusammensetzung wird durch die hohe Aufheizrate und Limitierung der Temperatur begrenzt.
3. **Erstarrung:** Die bei schneller Abkühlung entstehende, feinlamellare Gefügestruktur der eutektische Erstarrung zeichnet sich durch höhere Duktilität und Leitfähigkeit als die Werte reiner intermetallischer Phasen aus. Verbleibt die Schicht an der Grenzfläche, weist sie jedoch ein sprödes Versagensverhalten trotz duktiler Matrix auf. Durch eine geeignete Prozessführung kann ein Verdrängen aus der Fügezone zwischen den festen Grundwerkstoffen erfolgen. Somit ergeben sich zum einen eine Minimierung der Reaktionsschicht und zum anderen ein Abtransport von Oberflächenbestandteilen wie Oxidresten aus der Fügezone.

4 Experimentelles Vorgehen

Um in möglichst kurzer Zeit mit minimaler Grenzflächenverformung und ohne Aufschmelzen der Grundwerkstoffe gleichmäßig die eutektische Reaktion an der Grenzfläche zu erzielen, wurde das Schulterreibschweißen eingesetzt. Abbildung 40 zeigt eine schematische Darstellung des Prozessablaufs mit vereinfachtem Werkzeug ohne Stift. Dies kann als punktförmige Variante des HFDB betrachtet werden. Durch Fehlen des Schweißstiftes kommt es zu einer Verringerung des vertikalen Materialflusses, der sich nicht bis in das untere Blech erstreckt, sodass diffusionsbasierte Mechanismen an der Grenzfläche separiert analysiert werden können. Der Prozess kann grob in einen Ein- und Austauchvorgang unterteilt werden. Das rotierende Werkzeug setzt auf die Oberfläche des oberen Fügepartners auf, wodurch es zu einem Wärmeeintrag durch die Grenzflächenreibung zwischen Stahlwerkzeug und Kupferoberfläche kommt. Durch den Fügedruck werden die Grenzflächen angenähert, sodass es zu Diffusion und Rekristallisation über die Grenzfläche hinweg kommen kann. Der Ein- und Austauchprozess kann kraft- oder positionsgeregelt ablaufen, wobei die Eintauchgeschwindigkeit während des kraftgeregelten Prozesses abhängig von der Fließspannung des oberen Fügepartners beziehungsweise vom Gesamtmaterialwiderstand der Verbindung ist. Die Eintauchtiefe des Werkzeugs ist geringer als die Blechstärke des oberen Fügepartners.

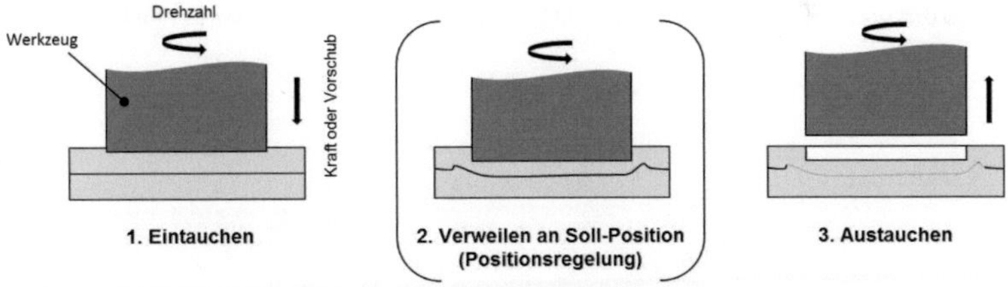

Abbildung 40: Schematische Darstellung des Schulter-Rührreibpunktschweißens

Die Versuche wurden an Blechstärken von je 0,5 mm, 1 mm und 2 mm durchgeführt, um die Verformung an der Grenzfläche zu variieren sowie den Wärmeeintrag zu skalieren. Für alle Versuche wurden einfache, zylindrische

Werkzeuge aus unbeschichtetem 1.2344 (X40CrMoV5-1) eingesetzt. Der Durchmesser wurde zwischen 6 und 12 mm variiert. Für die Fügepartner wurden vor dem Hintergrund elektrischer Anwendungen EN CW004A (halbhart) und EN AW 1050A (halbhart) mit der in Tabelle 4 undTabelle 5 dargestellten Zusammensetzung eingesetzt.

Tabelle 4: Zusammensetzung der Kupferlegierung [DKI19]

Legierung	**Zusammensetzung in %**			
EN CW004A	Cu	Bi	O	Pb
	min.	max.	max.	max.
	99,9	0,0005	0,04	0,005

Tabelle 5: Zusammensetzung der Aluminiumlegierung [AMC20]

Legierung	**Zusammensetzung in %**					
EN AW 1050 A	Al	Fe	Ti	Cu	Mn	Zn	Si
	99,5	0,4	0,05	0,05	0,05	0,07	0,25

Die Probengeometrie wurde, wie in Abbildung 41 dargestellt, in Anlehnung an die DIN EN ISO 14273 gewählt. Mittels einer Aussparung in der Spannvorrichtung wurden die Proben gegen ein Verdrehen während der Bearbeitung gesichert. Eine zusätzliche axiale Einspannung der Bleche wurde je nach Verfahrensvarianten durch ein Abdeckblech auf der Einspannvorrichtung oder eine Spannhülse realisiert. Neben der Aufnahme der relevanten Prozessgrößen wurden Thermoelemente Typ K in die Mitte der Fügezone positioniert, um den Temperaturverlauf während des Prozesses aufzunehmen.

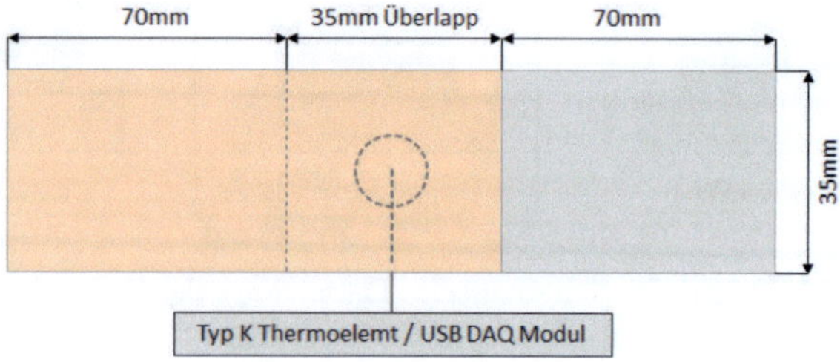

Abbildung 41: Probengeometrie für Scherzugprüfung

Um über den reibbasierten Temperatureintrag und die plastische Verformung die eutektische Temperatur zu erreichen, muss Kupfer als oberer Fügepartner gewählt werden. Aufgrund der höheren Schmelztemperatur und Fließspannung werden bei konstanter Reibleistung deutlich höhere Temperaturen als bei der Bearbeitung von Aluminium erreicht. Letzteres weist bei Temperaturen über 500 °C eine so stark verringerte Fließspannung auf, dass eine weitere reibbasierte Temperaturerhöhung kaum möglich ist, ohne dass es zu einem Verdrängen des Werkstoffs aus der Fügezone durch plastische Verformung kommt. Dies kann auch anhand des resultierenden Drehmoments und der Prozesskraft nachvollzogen werden, die notwendig sind, um den Energieeintrag aufrechtzuerhalten. Über die folgende Gleichung kann nach Cox et al. [COX14] über das Zeitintegral des Drehmoments M und der Winkelgeschwindigkeit ω die eingebrachte Netto-Schweißenergie berechnet werden.

$$E = \omega \int_{t_0}^{t_1} M \, dt$$

Darüber hinaus kommt es bei einer direkten Bearbeitung des Kupfers außerdem zu weniger Anhaftungen von plastifiziertem Werkstoff am Werkzeug, was bei der Durchführung aluminiumseitiger Schweißungen eine Herausforderung darstellt. Im Gegensatz zum Verbrauch der elektrischen Energie werden durch die Betrachtung des Drehmoments Reibungsverluste in der Spindel nicht berücksichtigt. Für die Analyse der eutektischen Reaktion während des Rührreibschweißens wurden zwei prozesstechnische Ansätze verfolgt, die nachstehend beschrieben sind. Die hergestellten Proben wurden nach Tabelle 6 metallografisch präpariert und die Fügezone makroskopisch durch Lichtmikroskopie analysiert. Ausgewählte Proben wurden außerdem durch Scherzugprüfung bei einer Testgeschwindigkeit von 10 mm/min und durch Fotodokumentation des Versagensverhaltens untersucht.

Tabelle 6: Schritte der Schliffpräparation

Stufe	Körnung
Schleifen, 20 s Siliziumcarbid + Wasser	P180
	P320
	P600
	P1200
	P2500
Polieren, 1 min, Diamantstick + Polieröl	3 µm
	1 µm
OPS-Polieren, 2 min	0,05 µm

Weiterführende Untersuchungen wurden durch die REM-/EDX-Analyse an einem Rasterelektronenmikroskop Philips XL30 sowie Hitachi S4800 durchgeführt. An ausgewählten Proben fanden darüber hinaus Mikrohärtemessungen statt.

4.1 Positionsregelung

Zunächst wurden Untersuchungen an 1 mm starken Blechen an einer Werkzeugmaschine des Typs Hermle UWF1000 mit Positionsregelung und einer maximalen Drehzahl von 2.500 U/min durchgeführt. Weiterführende Untersuchungen wurden an 2 mm starken Blechverbindungen an einer Hermle UWF1001 mit einer maximalen Drehzahl von 4.200 U/min vorgenommen. Dem Ansatz liegt zugrunde, dass durch die gesteuerte Eintauchbewegung und das Einstellen einer Verweilzeit die eutektische Schmelze nach der Erstarrung an der Grenzfläche verbleibt und somit einen Benetzungseffekt erzielt. Während des Eintauchens des Werkzeugs kommt es zu Beginn bei Raumtemperatur zu maximalen Prozesskräften und Drehmomenten. Dies kann zu einem Aufwölben der Bleche führen, weshalb die Bleche zusätzlich durch eine Spannmaske fixiert wurden (vgl. Abbildung 42).

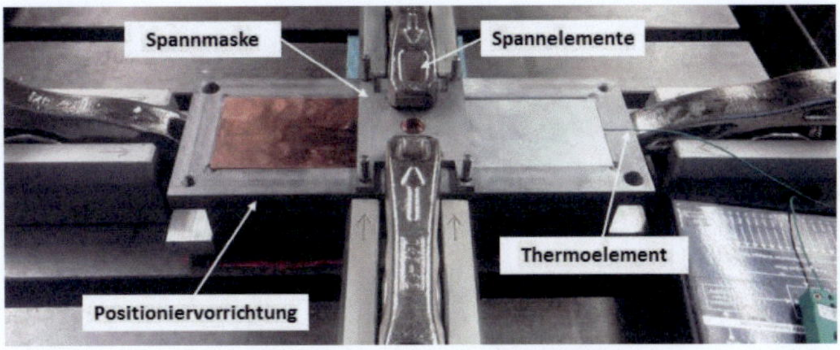

Abbildung 42: Spannvorrichtung

Die Untersuchungen wurden so geführt, dass es entweder in der Phase der Verweilzeit (1-mm-Verbindungen) oder während der Eintauchphase zur Schmelzebildung kam (2-mm-Verbindungen). Der Verlauf der Prozessgrößen Axialkraft und Drehmoment wurde durch ein DMS-basiertes Kraftmesssystem in der Werkzeugaufnahme aufgenommen.

Im ersten Schritt wurde unter der Nutzung von Werkzeugen mit einem Durchmesser von 8 mm ein Bereich eingegrenzt, in dem es durch Variation der Drehzahl zu einer Schmelzebildung bei ansonsten konstanter Eintauchtiefe und Verweilzeit kam. Neben der Drehzahl kann hier ein zusätzlicher Wärmeeintrag über die Verweilzeit erreicht werden. Abbildung 43 zeigt den Verbindungsbereich der mit konventionellem Schulterwerkzeug hergestellten Verbindungen für verschiedene exemplarische Parameterkombinationen. Bereits bei geringer Verweilzeit und Eintauchgeschwindigkeit (vgl. Abbildung 43a) sind die signifikante Gratbildung und Unregelmäßigkeiten der Grenzfläche zu erkennen. Das sich im Außenbereich aufwölbende Material steht dementsprechend nicht mehr für den Materialfluss und den reibbasierten Wärmeeintrag zur Verfügung.

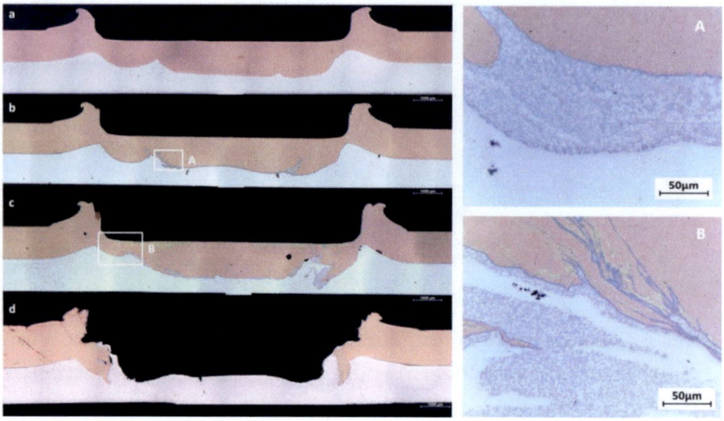

Abbildung 43: Fügezone mit konventionellem Werkzeug und Positionsregelung:
a) n = 2.500 U/min; v = 15 mm/min; s = 0,5 mm; t = 3 s
b) n = 2.600 U/min; v = 10 mm/min; s = 0,5 mm; t = 3 s
c) n = 2.750 U/min; v = 25 mm/min; s = 0,5 mm; t = 5 s
d) n = 2.500 U/min; v = 25 mm/min; s = 0,5 mm; t = 4 s

In Abbildung 43b sind bereits vereinzelte Risse zu erkennen. In diesem Bereich findet außerdem die Bildung von Schmelzedepots mit ungerichteter Erstarrungsstruktur (Ausschnitt A) statt. Es ist davon auszugehen, dass die notwendigen Temperaturen in diesem Bereich durch die starke Umformung des Kupfers erreicht werden.

Bei weiterer Erhöhung der Umformgeschwindigkeit durch den Anstieg der Eintauch-geschwindigkeit ist, wie in Abbildung 43c dargestellt, bereits großflächig die Bildung intermetallischer Phasen zu erkennen. Dies betrifft unter anderem gelblich verfärbte Bereiche im Werkzeugkontaktbereich, die auf ein aktives Einrühren von Aluminium aus teilweise bereits aufgebrochenen Bereichen hinweisen. Gleichzeitig vergrößern sich an der Grenzfläche bestehende Schmelzedepots, in deren Nähe neben charakteristischen Al_2Cu-Ausscheidungen an der Grenzfläche zum Kupferwerkstoff 1 bis 2 weitere dunkle Phasensäume zu erkennen sind (Ausschnitt B). Dieser Bereich eines hohen Energieeintrags stellt gleichzeitig einen Grenzfall durch die zunehmende Versprödung der Fügezone dar. So kommt es bei zahlreichen Proben, wie beispielhaft in Abbildung 43d dargestellt, zu einem Ablösen des unter dem

Werkzeug befindlichen Kupferbereichs mit teilweisem Anhaften von Aluminium. Neben der ausgeprägten Phasenbildung im Verbindungsbereich und der entsprechend reduzierten Umformbarkeit wird diese Prozessunregelmäßigkeit besonders von der starken Querschnittsverringerung im Außenbereich der Fügezone verursacht.

In Detailansichten der Außenbereiche in Abbildung 44 der Fügezone wird nach einer Mikroätzung neben der zunehmenden Querschnittsverringerung auch die Gefügestruktur in diesem Bereich erkenntlich. So findet in einem Bereich, der circa 100 bis 150 µm an die Kontaktfläche zum rotierenden Werkzeug angrenzt, eine signifikante Feinkörnung des Kupfers statt. Hierbei handelt es sich um Bereiche, die starke plastische Umformung durch das Scheren innerhalb des Materialflusses erfahren beziehungsweise aktiv durch Haftung an der Werkzeugfläche im Scherbereich rotieren. Bei starker Verringerung des Querschnitts auf bis zu 250 µm (Abbildung 44c) repräsentiert der aktive Rührbereich dementsprechend etwa 50 % des gesamt angebundenen Querschnitts, was zum Ablösen des Blechs führt.

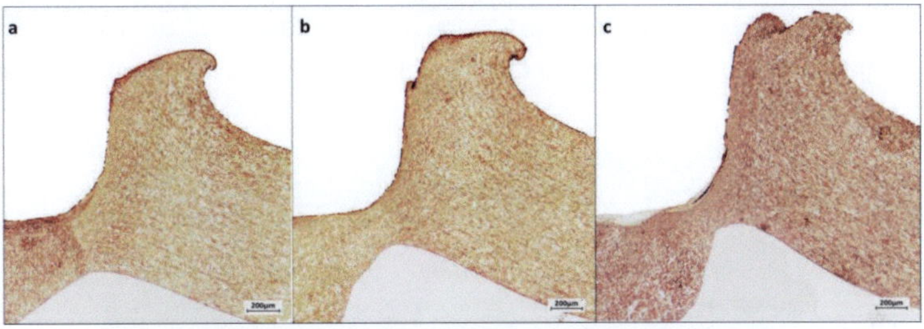

Abbildung 44: Randbereich der Fügezone:
a) n = 2.500 U/min; v = 15 mm/min; s = 0,5 mm; t = 3 s
b) n = 2.600 U/min; v = 10 mm/min; s = 0,5 mm; t = 3 s
c) n = 2.750 U/min; v = 25 mm/min; s = 0,5 mm; t = 5 s

Da durch die Aufwölbung des Bleches eine Schmelzebildung für die 1-mm-Verbindungen mit positionsgeregeltem Eintauchen nur bei hoher Querschnittsverringerung des Kupferblechs erreicht werden kann, wurde im weiteren Vorgehen eine Anpassung der Werkzeuggeometrie mit dem Ziel einer Reduzierung der Gratbildung und des Materialflusses vorgenommen. Abbildung 45 zeigt die genutzte Werkzeuggeometrie mit dem Ziel einer verringerten Gratbildung in den Außenbereichen des Werkzeugs.

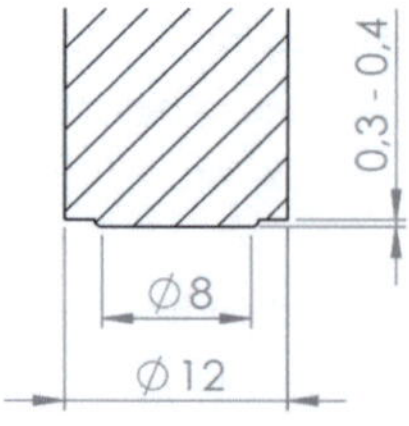

Abbildung 45: Doppelschultergeometrie

Hierbei wurde eine zweite Schulter mit einem um 4 mm größeren Durchmesser gewählt, die im Abstand der Eintauchtiefe auf die Werkstückoberfläche aufsetzte. Ein aktives Eintauchen der zweiten Schulter in die Blechoberfläche ist nicht vorgesehen. Jedoch kommt es im Verlauf des Eintauchprozesses zu einem Aufwölben des oberen und unteren Blechs im an den Werkzeugeingriff angrenzenden Bereich. Die Gratbildung führt dazu, dass plastifiziertes Material in die Außenbereiche verdrängt werden kann und in Kontakt mit der zweiten Schulter kommt beziehungsweise durch diese im Fügebereich gehalten wird. Abbildung 46 zeigt einen Vergleich der Prozessvarianten. So erzielt der Einsatz der Doppelschulter eine reduzierte Querschnittsverringerung des oberen Blechs sowie eine symmetrische und gleichmäßige Ausprägung der Grenzfläche und des Schmelzefilms.

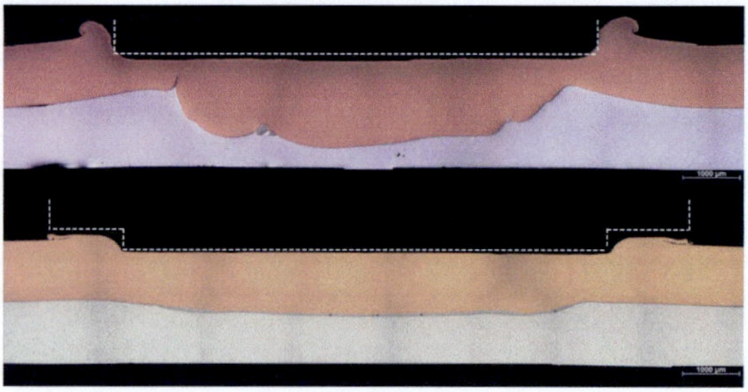

Abbildung 46: Exemplarische Darstellung des Doppelschultereffekts im Vergleich zu konventioneller Werkzeugausführung

4.2 Kraftregelung

In weiterführenden Versuchen wurden Verbindungen an einer kraftgeregelten, modifizierten Reibelementschweißanlage der Firma EJOT mit einer maximalen

Axialkraft von 9 kN und einer maximalen Drehzahl von 8.000 U/min hergestellt. Ziel dieser Vorgehensweise war es, die Drehmomentspitze während des Eintauchens des rotierenden Werkzeugs in das kalte Material zu reduzieren, um somit ein Ablösen des oberen Blechs zu verhindern. Des Weiteren kann durch die Kraftregelung im Fall einer Schmelzebildung ein Verdrängen dieser durch das Nachsetzen des Werkzeugs erkannt und erzielt werden. Gleichzeitig ermöglicht die anlageninterne Messtechnik eine Aufnahme des Eintauchwegs sowie des Drehmoments und der zeitlichen Verläufe von Drehzahl und Axialkraft. Aus diesen Kennwerten wird zudem die Schweißenergie bestimmt, die für weitere Auswertungen verwendet wurde. Mittels einer Division durch die Dauer der Reibphase wurde darüber hinaus eine mittlere Schweißleistung bestimmt.

Abbildung 47: Reibelementschweißanlage und Einspannung

Für die Versuchsdurchführung wurden einfache, zylindrische Werkzeuge mit Durchmessern zwischen 6 und 12 mm eingesetzt. Die Einspannung des oberen Blechs wurde über eine angepasste Spannhülse realisiert. Im Gegensatz zu den Versuchen mit Positionsregelung beginnt die Werkzeugrotation an der Anlage erst nach Aufsetzen des Werkzeugs und Erreichen einer Triggerkraft von 200 N. Im Anschluss können verschiedene Phasen und Prozessabbruchbedingungen wie maximale Zeit oder maximaler Eintauchweg gewählt werden. In den vorliegenden Versuchen wurde der minimal einstellbare Eintauchweg von 0,2 mm gewählt, um eine signifikante Verformung der Fügepartner oder ein Ablösen des Kupferblechs zu vermeiden. Die Axialkraft wurde in Abhängigkeit der Werkzeugdurchmesser auf eine Flächenpressung von maximal 50 bis 76 N/mm^2 angepasst, sodass es während der Reibphase nicht zu einem Eintauchen des Werkzeugs in den Kupferwerkstoff kommt.

5 Ergebnisse und Diskussion

5.1 Positionsgeregelter Prozess

5.1.1 Verbindungsbildung

Anhand des positionsgeregelten Schweißprozesses konnten im ersten Schritt eine Bildung und Erstarrung der eutektischen Zusammensetzung an der Grenzfläche erreicht werden. Abbildung 48 zeigt die Ausprägung der Fügezone für verschiedene Drehzahlen bei ansonsten konstanten Prozessparametern und einer Verweilzeit von 3 s.

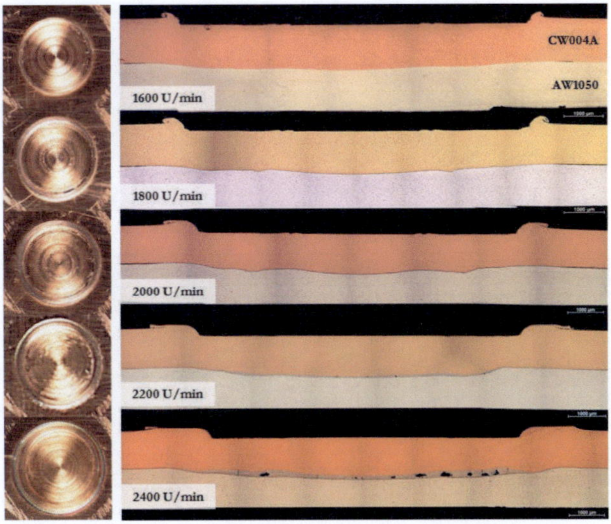

Abbildung 48: Einfluss der Drehzahl auf die Fügezonenausprägung
(v = 25 mm/min; s = 0,3 mm; t = 3 s)

Es wurde festgestellt, dass im gegebenen Prozessbereich dieser Verweilzeit verschiedene Stadien der Schmelzebildung beobachtet werden können. Bei 1.800 U/min kommt es zur Bildung eines geringen Grats mit einer Breite von circa 0,3 mm, der von der zweiten Schulter leicht verformt wird. Mit zunehmender Drehzahl erhöht sich die Plastifizierung, und der Werkstoff dehnt sich aus beziehungsweise wird durch die Rotation des Werkzeugs nach außen transportiert. Die Auflagefläche der zweiten Schulter erhöht sich dabei signifikant, sodass es zu einer Kopplung des Materials kommt und die zweite Schulter ebenfalls Material transportiert. Dies wird besonders in den dargestellten Draufsichten deutlich. So kommt es bei einer Drehzahl von 2.200 U/min und 2.400 U/min zu einer Verbreiterung der Fügezone über den Durchmesser der ersten Schulter hinaus.

Detailaufnahmen aus der Mitte der Grenzfläche verdeutlichen in Abbildung 49 die Bildung eines dünnen Diffusionssaumes bei 2.000 U/min, der wie in einer REM-Analyse (vgl. Abbildung 50) erkennbar ist. Dieser ist etwa 2 bis 3 µm dünn, zeigt jedoch bereits eine lamellare Erstarrungsstruktur.

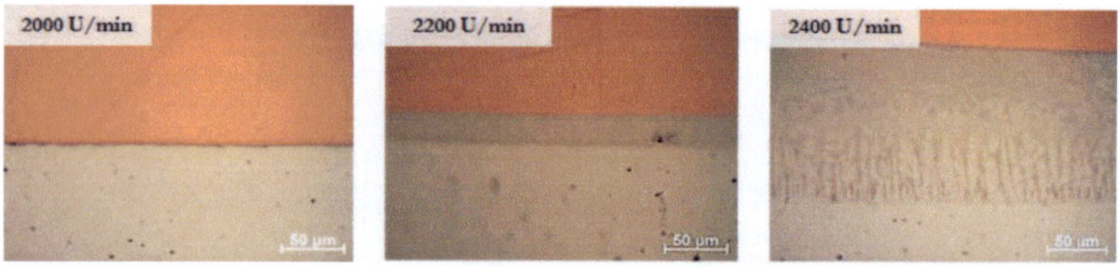

Abbildung 49: Einfluss der Drehzahl auf die Grenzfläche (v = 25 mm/min; s = 0,3 mm; t = 3 s)

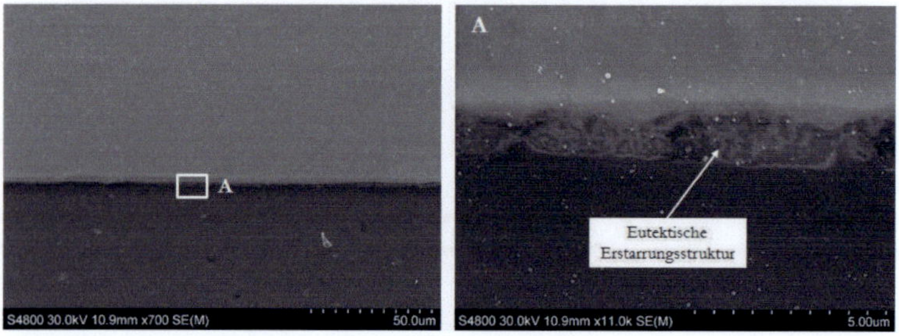

Abbildung 50: REM-Aufnahme bei n = 2.000 U/min (v = 25 mm/min; s = 0,3 mm; t = 3 s)

Ab 2.200 U/min kann eine kontinuierliche Zwischenschicht mit einer Dicke von circa 30 µm mit vereinzelten Hohlräumen beobachtet werden. Der Schmelzebereich zeichnet sich hierbei durch eine gleichmäßige Struktur mit eutektischem Bereich und vereinzelten Al_2Cu-Ausscheidungen aus. Es ist davon auszugehen, dass der eutektische Punkt erst kurz vor Prozessende erreicht wurde und keine weitere Temperaturerhöhung beziehungsweise weitere Diffusion von Kupfer in Aluminium stattfinden konnte, sodass der hypereutektische Bereich klein im Vergleich zur Gesamtschichtdicke ist. Auch im Übergang zum Aluminiumgrundwerkstoff zeigen sich nur kleine Bereiche dendritischer Erstarrung von α-Aluminium. Innerhalb des eutektischen Bereichs sind sowohl lamellare als auch anomale Erstarrungsstrukturen erkennbar, die sich auf das Wiederaufschmelzen einzelner Bereiche durch Rekaleszenzeffekte während der raschen Abkühlung der Gesamtschmelze zurückführen lassen.

Im Randbereich der Grenzfläche zeigen sich hingegen große, globulare Ausscheidungen, die ähnlich bereits in Ultraschallschweißprozessen beobachtet wurden. Es wird davon ausgegangen, dass im Randbereich der Schmelze eine Konvektion in der sich bildenden Schmelze beziehungsweise ein Verdrängen der Schmelze nach außen hin auftritt, was zum Aufbrechen und Ablösen von Dendriten im übereutektischen Bereich führen kann.

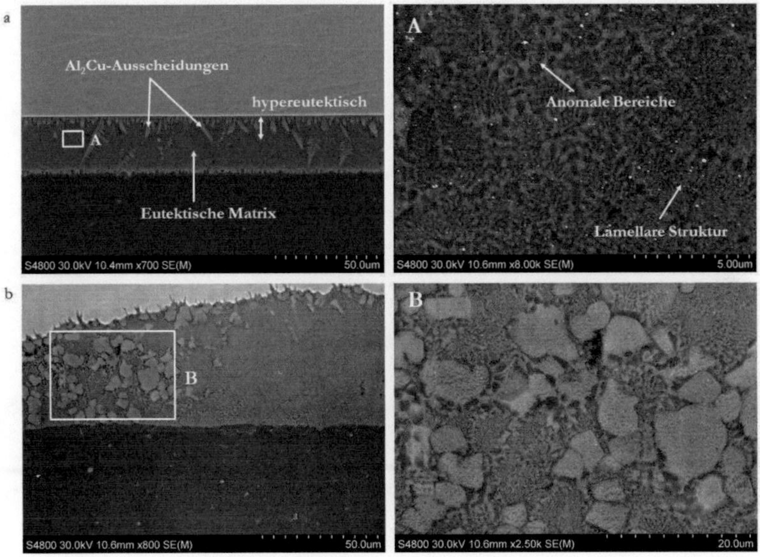

Abbildung 51: a) Mitte und b) Randbereich der Grenzfläche (n = 2.200 U/min; v = 25 mm/min; s = 0,3 mm; t = 3 s)

Eine weitere Erhöhung der Drehzahl führt zur Bildung einer Schmelzeschicht von mehr als 100 µm, jedoch auch zu ausgeprägter Hohlraum- und Rissbildung in der Fügeebene. Aus der großen Schichtdicke resultiert eine verminderte Möglichkeit der Homogenisierung der Schmelze während der Prozesszeit, woraus sich die in Abbildung 52 dargestellten Bereiche ergeben.

Ausschnitt A und B: Ausgehend vom Kupfergrundwerkstoff bildet sich durch die kontinuierliche kupferdominierte Diffusion in die Schmelze ein hypereutektischer Konzentrationsbereich, wodurch sich bei Abkühlung Al_2Cu-Dendriten bilden. Darüber hinaus sind vereinzelt nadelförmige, kupferreiche Ausscheidungen zu beobachten, bei denen es sich laut Literatur um Al_4Cu_9 oder AlCu handeln muss. Die Form der Ausscheidungen weist zudem darauf hin, dass sie sich noch während der Flüssigphase gebildet haben, nicht in ebener Form während der Abkühlung nach Erstarrung der eutektischen Zusammensetzung.

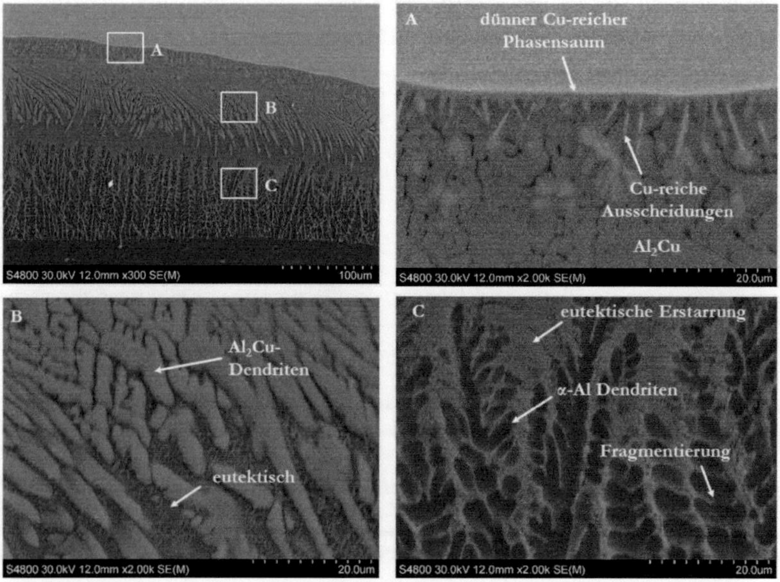

Abbildung 52: REM-Aufnahme bei 2.400 U/min (v = 25 mm/min; s = 0,3 mm; t = 3 s)

Ausschnitt C: Durch die große Schmelzeschichtdicke bildet sich im unteren Bereich ein hypoeutektischer Erstarrungsbereich mit α-Aluminiumdendriten. Im

Vergleich zu den Al_2Cu-Dendriten ist jedoch eine starke Fragmentierung der α-Dendriten zu erkennen. Zurückzuführen ist dies auf die Wachstumsrichtung der Dendriten entgegen der Schwerkraft und des Wärmeflusses.

So kommt es zum Absinken der mit Kupfer angereicherten Restschmelze zwischen den Dendriten, was begünstigt durch Rekaleszenzeffekte zum partiellen Wiederaufschmelzen in interdendritischen Bereichen führen kann. Zum Ende des Erstarrungsprozesses ist durch die Erstarrung der letzten verbleibenden kupferangereicherten, abgestoßenen Schmelze außerdem eine typisch helle (kupferreiche) Umrandung der Dendriten, insbesondere in den unteren Bereichen, zu erkennen.

Das Aufbrechen der Dendriten kann zudem durch ein Wiederaufschmelzen beim Wachstum der Dendritenspitzen in wärmere Bereiche der Zwischenschicht auftreten. Bei großer Schmelzeschichtdicke kommt es zudem zu ausgeprägter Hohlraum- und angrenzender Rissbildung. Wie in Abbildung 53 zu erkennen ist, verlaufen diese Risse zunächst durch den hypereutektischen Bereich und die Al_2Cu-Dendriten.

Abbildung 53: Rissbildung bei 2.400 U/min (v = 25 mm/min; s = 0,3 mm; t = 3 s)

Im Anschluss findet der Rissfortschritt durch die Hohlräume und im eutektischen Bereich sowie interdendritisch im hypoeutektischen Bereich statt. Die Entstehung der Hohlräume ist aufgrund ihrer Struktur auf wasserstoffinduzierte Porenbildung und Schrumpfungseffekte in der eutektischen Schmelze während des letzten Erstarrungsschrittes zurückzuführen, da sich das Dendritenwachstum in die Oberfläche der Hohlräume fortsetzt.

Im Vergleich des hypo- und hypereutektischen Bereichs fällt außerdem auf, dass es zwischen den Al_2Cu-Dendriten zu einer gröberen eutektischen Erstarrungsstruktur kommt als zwischen den α-Aluminiumdendriten. Diese Strukturfeinung hin zum Aluminiumgrundwerkstoff ist auch für andere Parameter, wie in Abbildung 54a exemplarisch dargestellt, unabhängig von der Größe der Ausscheidungsbereiche zu beobachten. Auf Basis der Prozessanordnung ist dies über die Wirkung der Spannvorrichtung als Wärmesenke zu erläutern, die zu einer verstärkten Wärmeleitung/-abfuhr in Richtung des Aluminiumblechs führt. Es ergibt sich im unteren Bereich der Schmelze daher eine höhere Abkühlgeschwindigkeit, die zu einer feineren Mikrostruktur führt. Thermoelementmessungen (Abbildung 54b) in der Fügezone zeigen im Vergleich zu Messungen zwischen Aluminiumblech und Stahleinspannung eine Temperaturdifferenz von circa 100 K während der Verweilzeit und zum Zeitpunkt, wenn in der Fügezone die eutektische Temperatur erreicht wird.

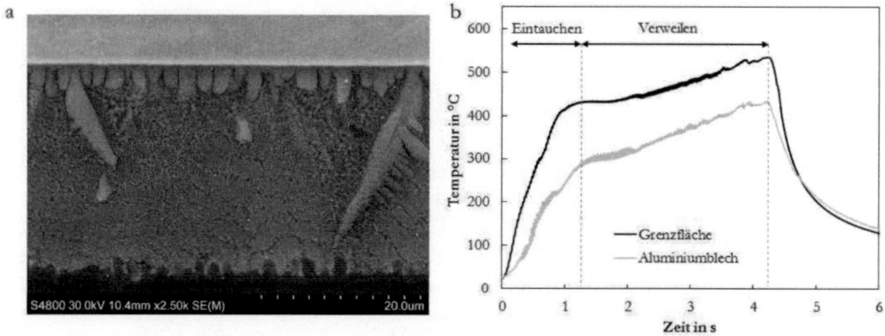

Abbildung 54: a) Verlauf der Mikrostruktur über die Schmelzeschichtdicke und b) Temperaturmessung bei 2.200 U/min (v = 25 mm/min; s = 0,3 mm; t = 3 s)

5.1.2 Mechanische Eigenschaften

Die mechanischen Eigenschaften und das Versagensverhalten der Verbindungen werden signifikant durch die Schmelzebildung beeinflusst. Bei der Betrachtung der Trennkraftwerte in Abbildung 55a ist zunächst eine Erhöhung der Werte mit steigender Drehzahl zu beobachten. Im niedrigen Drehzahlbereich findet hierbei eine Erhöhung der Anbindungsfläche durch Umformung statt, während es ab 2.000 U/min durch die eutektische Reaktion zu einer Benetzung der Fläche kommt, der eine Erhöhung der Trennkraft um bis zu 54 % bewirkt. Dies ist zum einen auf die Erhöhung der Anbindungsfläche durch den Benetzungseffekt der Schmelze zurückzuführen. Zum anderen führt die Bildung eines Eutektikums und der weiteren enthaltenen Phasen aber auch zu einer Veränderung der Grenzflächeneigenschaften. So kann in den Werten des Traversenwegs bis zum Erreichen der maximalen Scherzugkraft (vgl. Abbildung 55a) zunächst nur ein leichter Anstieg beobachtet werden. Werden jedoch die Gesamtverläufe bis zum vollständigen Versagen der Verbindung in Abbildung 55b beobachtet, können ab einer Drehzahl von 2.200 U/min eine deutliche Reduzierung des Traversenwegs und dementsprechend eine Abnahme der Duktilität der Verbindung beobachtet werden. Der Kurvenverlauf zeigt jedoch ein prinzipiell duktiles Versagen mit ausgeprägtem Bereich plastischer Verformungen, die zu einem Großteil auf die Verformung des Aluminiumblechs zurückzuführen sind.

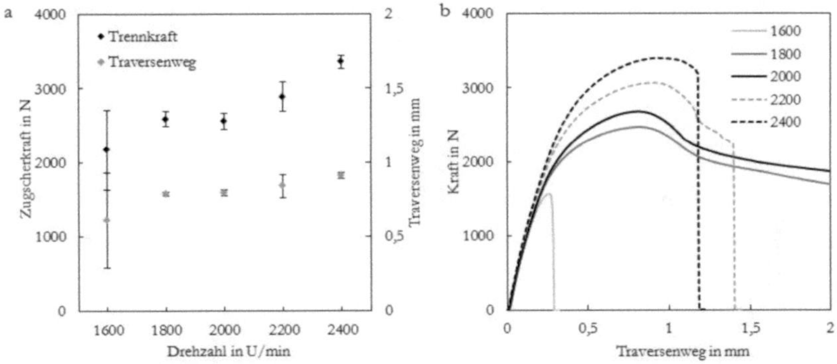

Abbildung 55: Einfluss der Drehzahl auf a) die Trennkraft im Scherzugversuch, b) den Kraft-Weg-Verlauf für ausgewählte Proben (v = 25 mm/min; s = 0,3 mm; t = 3 s)

Eine Auswertung der Bruchflächen und Probenquerschnitte in Abbildung 56 lässt die Ursache des Kurvenverlaufs erkennen. So kommt es bei 1.600 U/min zunächst noch zu einer geringen Anbindung, was unter anderem an den wenigen Anhaftungen auf der Kupferseite zu erkennen ist. Dies resultiert in einem

Ablösen an der Grenzfläche mit minimaler Verformung der Fügepartner. Bei 1.800 U/min kommt es zu einem Versagen durch das Ausknöpfen der Verbindung. Bei weiterer Erhöhung der Drehzahl ist in den Anhaftungen auf der Kupferseite die deutliche Vergrößerung der Grenzfläche zu erkennen, jedoch folgt bei 2.000 U/min ein Übergangsbereich mit teilweisem Ausknöpfen (circa 50 %) und starker Verformung des Aluminiumblechs.

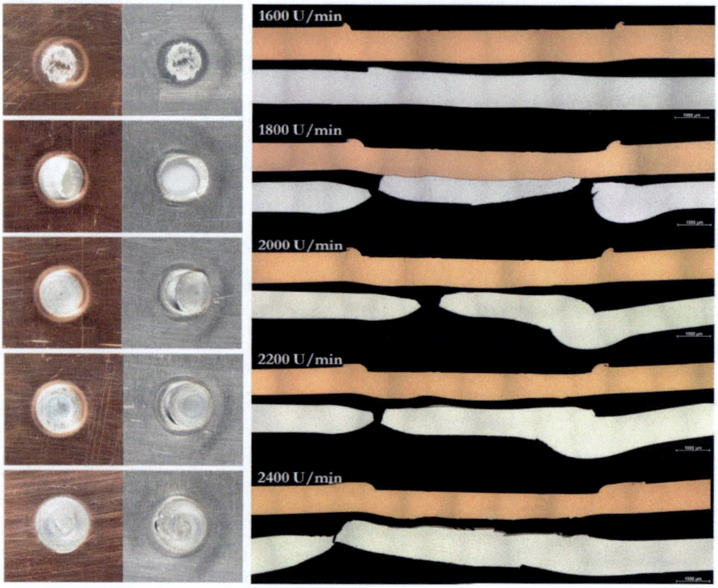

Abbildung 56: Einfluss der Drehzahl auf das Bruchverhalten der Verbindung (v = 25 mm/min; s = 0,3 mm; t = 3 s)

Bei weiterer Erhöhung der Drehzahl nimmt der Anteil des Ausknöpfens ab und auch die Verformung des Aluminiumblechs reduziert sich deutlich durch das fehlende Abschälen des Aluminiumgrundwerkstoffs. Stattdessen kommt es zunehmend zu einem Versagen an der Grenzfläche, wobei im Querschliff nur wenige Anhaftungen an der Kupferseite zu erkennen sind. Für diesen Bereich kann davon ausgegangen werden, dass der Verlauf weitestgehend von der Verformung des weicheren, duktilen Aluminiumpartners bis zur Trennkraft dominiert wird, die Grenzfläche selbst jedoch ein sprödes Versagensverhalten aufweist.

Das spröde Versagensverhalten zeigt sich in Detailaufnahmen der Bruchflächen bei 2.400 U/min in Abbildung 57. Hierbei verbleibt nahezu der gesamte Schmelzbereich auf der Aluminiumseite. An der Kupferseite hingegen ist im Bereich vereinzelter Anhaftungen ein dünner Phasensaum zu erkennen. Im Randbereich der Anhaftungen kommt es zu einer Risseinleitung und einem Fortschritt an der Grenzfläche. Wie in Kapitel 2 „Stand der Technik" bereits dargestellt, wird das zunehmend spröde Versagen auf die erhöhte Bildung kupferreicher Phasen mit steigendem Energieeintrag zurückgeführt, auch wenn deren Anteil gegenüber dem eutektisch erstarrten Bereich gering ist. Vorteilhafte Eigenschaften werden nur bei geringerem Energieeintrag im Übergangsbereich zwischen Festphasendiffusion und erster Schmelzebildung erzielt. Dieser Zeitpunkt kann prozesstechnisch während des positionsgeregelten Prozesses jedoch nicht klar abgegrenzt werden.

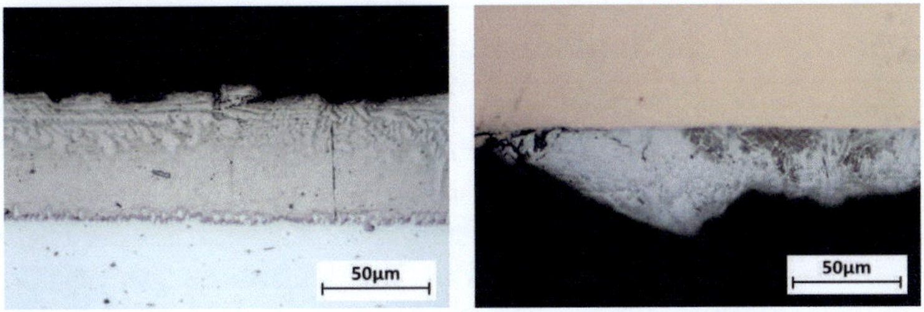

Abbildung 57: Bruchfläche (n = 2.400 U/min; v = 25 mm/min; s = 0,3 mm; t = 3 s)

Um das grundlegende Alterungsverhalten einzuschätzen, wurden die Proben zusätzlich bei 180 °C für 168 h ausgelagert. Hierbei kam es bei den Proben mit keiner (1.800 U/min) oder geringer (2.000 U/min) Schmelzebildung zu einer leichten, insignifikanten Erhöhung der Trennkraft und des Traversenwegs. Für Proben mit einem Schmelzesaum von mehr als 50 µm (2.400 U/min) kommt es hingegen zu einer leichten Verringerung der Trennkraft und des Traversenwegs, was auf das fortschreitende Phasenwachstum, ausgehend von den bereits beschriebenen kupferreichen Phasensäumen, sowie auf einen Rissfortschritt entlang der Grenzfläche durch thermische Dehnung während des Aufheizens und Abkühlens zurückzuführen ist.

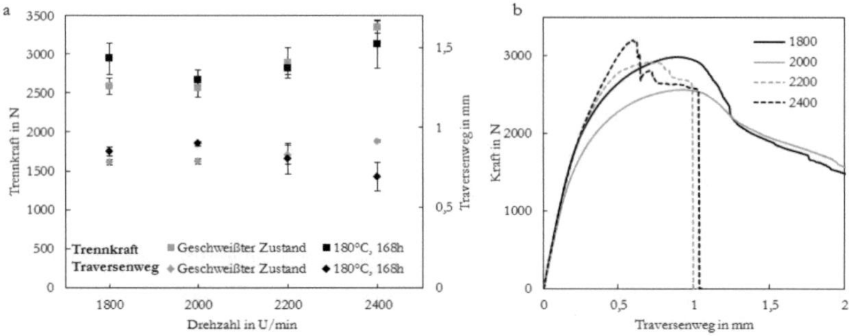

Abbildung 58: Auslagerung bei 180 °C für 168 h: a) Trennkraft und Traversenweg und b) Verlauf Kraft-Traversenweg in Abhängigkeit der Drehzahl

5.1.3 Erhöhung des Umformgrades

Im vorangegangenen Abschnitt zeigte sich, dass ein Verbleiben der Schmelze mit erhöhter Schichtdicke zu Rissbildung und Versprödung der Verbindung führen kann. In einem weiteren Ansatz wurde daher untersucht, ob während des positionsgeregelten Prozesses ein Verdrängen der Schmelze aus der Fügezone erreicht werden kann. Dafür wurden die Untersuchungen an 2-mm-Verbindungen durchgeführt, um einen größeren Variationsbereich der möglichen Eintauchtiefe zu erhalten und die Schmelzebildung während des Eintauchprozesses, nicht während einer Verweilzeit, zu erzielen. Gegenüber von Untersuchungen an 1 mm starken Blechen ergibt sich für die Bearbeitung von 2 mm starken Blechen eine reduzierte Verformung der Grenzfläche, was den Einsatz eines zylindrischen Werkzeugs mit einem Durchmesser von 12 mm ermöglichte, bei dem es bei 1-mm-Verbindungen bereits zum Ablösen des Kupferblechs kommen würde. Abbildung 59 zeigt den Einfluss der Drehzahl auf die Ausprägung der Grenzfläche bei ansonsten konstanten Prozessparametern. Hierbei zeigt sich eine zunehmende Vergrößerung der Kontaktfläche, an der sich eine Schmelze bildet. Diese ist durch leichte Ausstülpungen am Kupfergrundwerkstoff markiert, was vermutlich den Wärmeeinflussbereich mit reduzierter Fließspannung des Kupfers begrenzt. Darüber hinaus erhöht sich die Schmelzeschichtdicke zwischen 2.500 U/min und 3.000 U/min. Ab 3.500 U/min kommt es bereits zu einer Poren- und

Rissbildung. Im Bereich der sich bildenden Schmelzedepots ist wie beispielhaft in Abbildung 60 dargestellt eine hypereutektische Erstarrungsstruktur mit zahlreichen Al_2Cu-Ausscheidungen erkennen. Darüber hinaus weisen alle Proben geringe Phasensäume weiterer Zusammensetzungen am Übergang zum Kupfergrundwerkstoff auf.

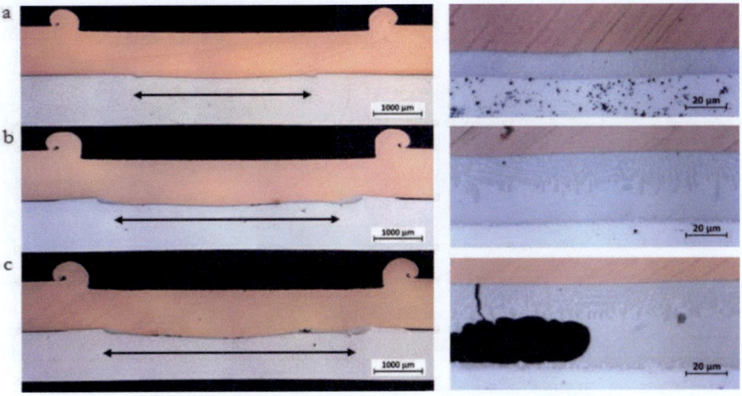

Abbildung 59: Einfluss der Drehzahl auf die Verbindungsbildung bei 0,3 mm Eintauchtiefe: a) 2.500 U/min; b) 3.000 U/min; 3.500 U/min (v = 30 mm/min, Ø = 8 mm)

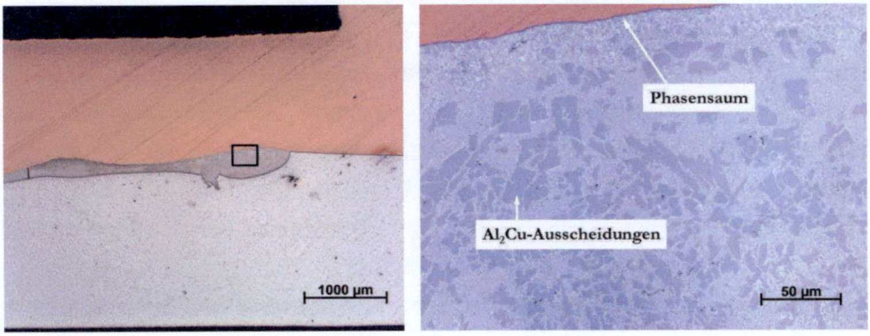

Abbildung 60: Detailaufnahme des Schmelzebereichs (n = 3.000 U/min; v = 25 mm/min; s = 0,3 mm)

Abbildung 61 zeigt die Fügezone im geätzten Zustand. In Detailansicht A ist zu erkennen, dass eine ausgeprägte Rührzone und eine durch den Materialfluss bedingte Kornfeinung nur im oberflächennahen Bereich erzielt werden.

Unterhalb des Kontaktbereichs des Werkzeugs zeigt sich eine Erhöhung der Korngröße, jedoch keine fließbedingte Verzerrung der Körner.

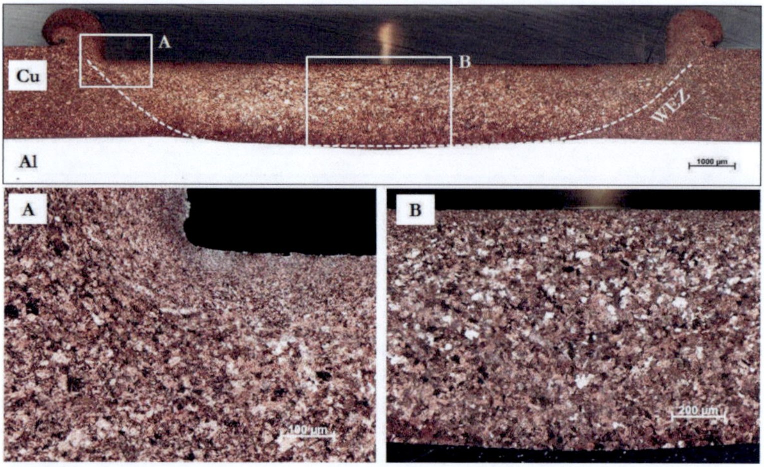

Abbildung 61: Panoramaaufnahmen nach Mikroätzung (n = 3.500 U/min; v = 25 mm/min; s = 0,3 mm)

Es kann entsprechend davon ausgegangen werden, dass die eutektische Reaktion durch das Erreichen der eutektischen Temperatur an der Grenzfläche unter der wirkenden Axialkraft ausgelöst wird. Im Vergleich zum konventionellen Rührreibschweißen mit Schweißstift ist der Einfluss der Umform- und Schergeschwindigkeit verringert. Der Prozess ist vielmehr mit einem zeitreduzierten Diffusionsschweißprozess zu vergleichen. Jedoch kann angenommen werden, dass der flächige Initialkontakt durch die Rotation des Werkzeugs effektiver hergestellt wird als beispielweise durch einen statischen Heizstempel. Zusätzlich ist die halbkreisförmige Ausprägung der Wärmeeinflusszone zu erkennen, deren Schnittpunkt an der Grenzfläche etwa mit der Position der zuvor genannten Ausstülpungen übereinstimmt. In diesen Bereichen ist die Fließspannung des Kupfers durch den erhöhten Temperatureintrag soweit reduziert, dass es unter der wirkenden Axialkraft zu einer leichten Verformung über die Blechdicke hinwegkommt.

Unter polarisiertem Licht in Abbildung 62 zeigt sich außerdem die Kornstruktur eutektisch erstarrten Schmelzedepots. In Richtung des Aluminiumwerkstoffs bildet sich eine signifikant feinere Struktur, da es im Zentrum der Schmelze beziehungsweise in der Nähe des Kupferwerkstoffs zu geringeren Abkühlgeschwindigkeiten kommt.

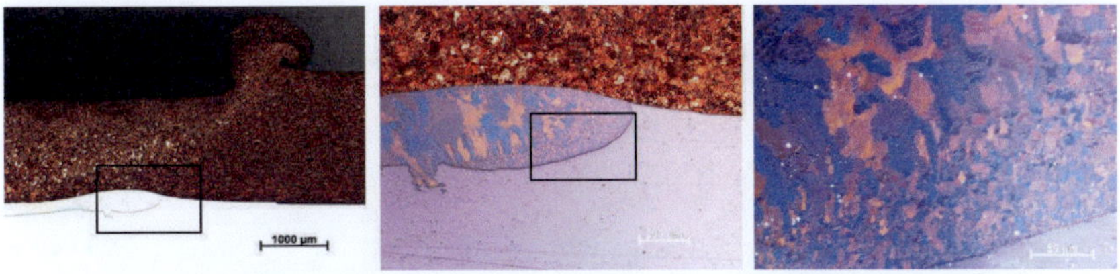

Abbildung 62: Kornstruktur des erstarrten Schmelzebereichs nach Mikroätzung und unter polarisiertem Licht (n = 3.500 U/min; v = 25 mm/min; s = 0,3 mm)

Um die negativen Aspekte der Schmelzeschicht an der Grenzfläche auf die mechanischen Eigenschaften zu reduzieren, wurde in einem weiteren Schritt eine erhöhte Eintauchtiefe genutzt, um die Schmelzebildung während des Prozesses zu initiieren und die Schmelze durch die starke Verformung aus der Fügezone zu verdrängen. Abbildung 63 zeigt die Oberfläche des Kontaktbereichs Werkzeug-Kupferblech. Außerhalb des direkten Kontaktbereichs ist hier neben dem Spannelementabdruck ein Oxidationsring erkennbar, der durch die Erwärmung des Kupfers entsteht und sich in Abhängigkeit der Prozessparameter verändert.

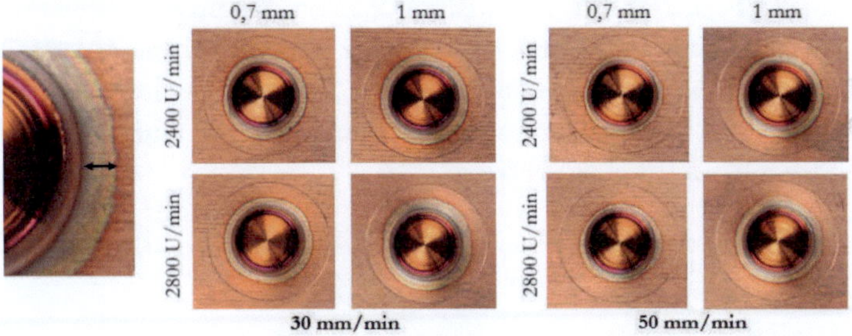

Abbildung 63: Einfluss der Prozessparameter Eintauchtiefe in mm, Drehzahl in U/min und Eintauchgeschwindigkeit in mm/min auf die Probenoberfläche (Ø = 12 mm)

Wird die Schmelzebildung an der Grenzfläche in Abbildung 64 betrachtet, ist eine Korrelation mit den Prozessparametern erkennbar. Durch den kontinuierlichen Eintauchvorgang des Werkzeugs kommt es gleichzeitig zu einer Schmelzebildung sowie zu einem Verdrängen der Schmelze in die Außenbereiche der Fügezone.

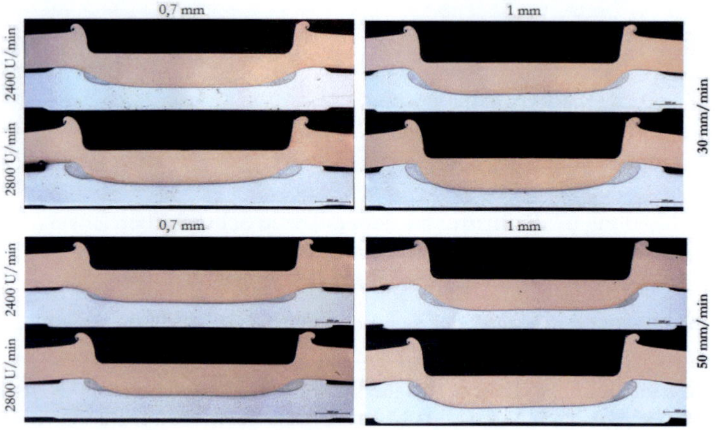

Abbildung 64: Einfluss der Prozessparameter auf die Schmelzebildung (Ø = 12 mm)

Im Querschliff sind Schmelzedepots verschiedener Größe zu erkennen, die jedoch nicht ganz in den Außenbereich verdrängt werden. Darüber hinaus verbleibt stets eine kontinuierliche Schmelzeschicht zwischen 10 bis 50 µm in der Mitte der Fügezone. Für eine weitere Charakterisierung der Effekte sind die Werte in Abbildung 65 quantifiziert. Es zeigt sich ein nahezu linearer Anstieg des Schmelzevolumens für die jeweiligen Eintauchgeschwindigkeiten. Im Vergleich zu den Maximalwerten von Drehmoment und Axialkraft ist jedoch keine direkte Korrelation zu erkennen.

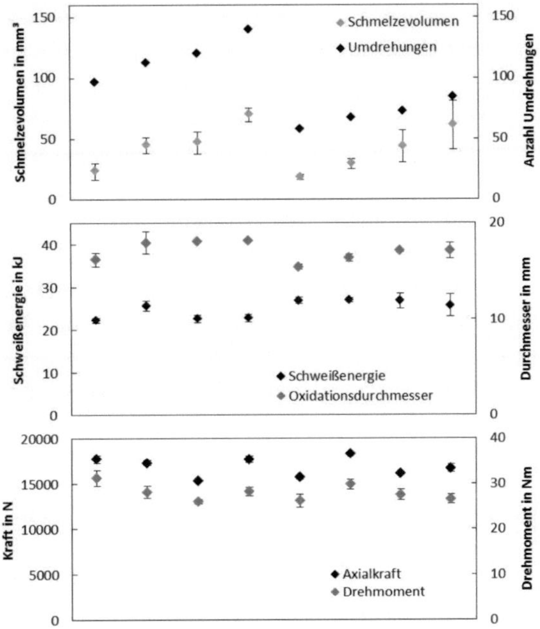

Drehzahl in U/min	2400	2800	2400	2800	2400	2800	2400	2800
Eintauchtiefe in mm	0,7		1		0,7		1	
Eintauchgeschw. in mm/min	30				50			

Abbildung 65: Einfluss der Prozessparameter auf Axialkraft, Drehmoment, Schweißenergie, Durchmesser des Oxidationsrings und Schmelzevolumen

In der Berechnung der Schweißenergie aus dem Integral des Drehmoments sowie der Drehzahl zeigt sich lediglich ein leichter Gesamtanstieg der Werte für 50 mm/min Eintauchgeschwindigkeit. Den signifikantesten Einflusswert für die Schmelzebildung zeigt die Anzahl der Umdrehungen im Material. Diese Größe stellt einen Vergleichswert dar, der die drei Prozessgrößen über folgende Gleichung zusammenfasst:

$$U = \frac{n[U/min] \times t[mm]}{v[mm/min]}$$

Für beide Eintauchgeschwindigkeiten zeigt sich in Abhängigkeit der Umdrehungen ein gemeinsames Ansteigen der Werte, jedoch werden trotz niedrigerer Werte für eine Eintauchgeschwindigkeit von 50 mm/min nahezu gleiche Werte des Schmelzevolumens erreicht. Es ist anzunehmen, dass die höhere Umformgeschwindigkeit zu einem erhöhten reib- und umformbasierten Wärmeeintrag führt und dadurch die eutektische Temperatur an der Grenzfläche schneller erreicht wird. Eine Ausmessung des äußeren Oxidationsrings zeigt ebenfalls eine Korrelation zum Schmelzevolumen, jedoch ist für eine Eintauchtiefe von 1 mm für beide Eintauchgeschwindigkeiten kein weiterer Anstieg der Werte zu erkennen. Es ist davon auszugehen, dass das Erreichen der eutektischen Temperatur einen weiteren Temperaturanstieg in der Fügezone verhindert, da die Bildung der Schmelze zu einer Verringerung des Materialwiderstands führt, der für einen reibbasierten Wärmeeintrag benötigt wird. Eine Betrachtung von zwei exemplarischen Verläufen von Parametern mit unterschiedlicher Eintauchgeschwindigkeit in Abbildung 66 bestätigt diese Annahme.

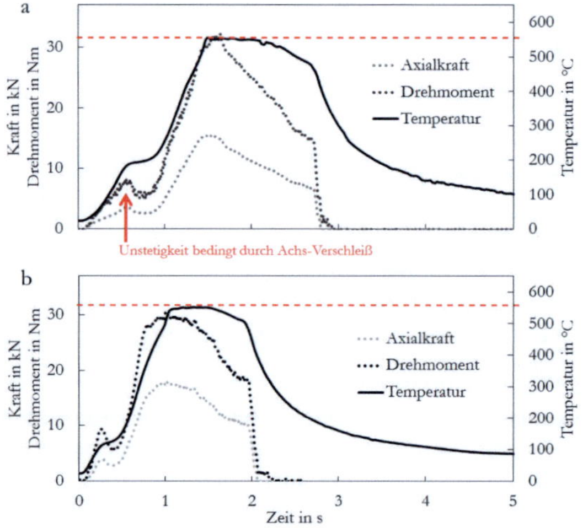

Abbildung 66: Verlauf von Axialkraft, Drehmoment und Temperatur für n = 2.400 U/min, t = 1,2 mm und a) v = 30 mm/min; b) v = 50 mm/min

Für beide Varianten gibt es während des Eintauchens zunächst einen Anstieg von Axialkraft, Drehmoment und Temperatur. Für eine höhere Eintauchgeschwindigkeit ergibt sich im Vergleich ein höherer Anstieg der Werte. Bei dem Erreichen der eutektischen Temperatur ist kurzzeitig ein konstanter

Verlauf der Werte zu erkennen. Sowohl Drehmoment als auch Axialkraft zeigen nach diesem Punkt eine signifikante, etwa lineare Verringerung, während die Temperatur in der Fügezone über einen Zeitraum von 0,4 bis 0,6 s annähernd konstant bleibt und im Anschluss eine leichte Reduzierung zeigt. Entsprechend kann das Erreichen des eutektischen Punkts beziehungsweise der Beginn der Schmelzebildung unter anderem über den verringerten Anstieg des Drehmoments detektiert werden.

Zusammenfassend lässt sich festhalten, dass durch die Nutzung höherer Eintauchtiefen bei 2-mm-Verbindungen eine begrenzte Verdrängung der Schmelzschicht erfolgen konnte. Durch die hohe Umformung im Kupfergrundwerkstoff kommt es auch zu einer Verformung des Aluminiumblechs, was zur Bildung von Schmelzedepots, jedoch nicht zu einem Austrieb der Schmelze aus dem Verbindungsbereich führt. Zudem bleibt in der Fügezone stets ein Restsaum erhalten. Für eine Optimierung dieser Prozessvariante wären entweder höhere Drehzahlen für ein schnelleres Erreichen der eutektischen Temperatur notwendig oder ein zusätzlicher Nachsetzprozess ab Erreichen der eutektischen Temperatur. Das Erreichen des eutektischen Punkts kann, wie exemplarisch gezeigt, über den Verlauf von Drehmoment und Axialkraft detektiert werden, jedoch besteht über die Positionsregelung keine Möglichkeit zum Hinzufügen einer effektiven Stauchphase. Darüber hinaus finden während des Eintauchens bis zum Erreichen der Schmelzebildung bereits eine so starke Umformung und Querschnittsverringerung statt, sodass nur ein geringes Potenzial für einen weiteren Setzweg verbleibt.

5.1.4 Zusammenfassung

Durch den positionsgeregelten Rührreibschweißprozess konnte erfolgreich innerhalb weniger Sekunden die Bildung einer eutektischen Schmelze an der Grenzfläche Aluminium-Kupfer erzielt werden. Dabei kam es in keinem der Versuche zu einem signifikanten Aufschmelzen des Aluminiumgrundwerkstoffs, da die Bildung einer Schmelzeschicht eine Reduzierung des Materialwiderstands gegenüber dem positionsgeregelten Schweißwerkzeug verursacht und somit einen signifikanten weiteren Wärmeeintrag behindert. Während der Aufheizphase beziehungsweise aufgrund des positionsgeregelten Eintauchens kommt es jedoch bereits bei geringer Werkstücktemperatur zu einer signifikanten plastischen Verformung, die zu diesem Zeitpunkt technologisch keine Vorteile bringt. Bei geringer Eintauchtiefe können die Grenzflächenverformung und Gratbildung durch die Nutzung einer zweiten Werkzeugschulter verringert werden. Das Erreichen der eutektischen Reaktion findet anschließend entweder während des Eintauchens oder während einer Verweilzeit statt. Bei der Fortsetzung des Prozesses kommt es zu einer partiellen Verdrängung der Schmelze in die Außenbereiche der Fügezone und zum Verbleiben eines Restsaums mit einer Schichtdicke von 10 µm bis zu circa 200 µm für Versuche mit hoher Drehzahl und Verweilzeit.

Durch die Nutzung eines Doppelschulterwerkzeugs in Kombination mit einer geringen Eintauchtiefe und Verweilzeit können Übergangsbereiche mit gleichmäßiger Schichtdicke erzielt werden. Bei geringer Schichtdicke von weniger als 30 µm bestehen diese Säume aus einem Bereich eutektischer Erstarrung mit geringen Anteilen an Al_2Cu-Ausscheidungen. Bei größeren Schichtdicken wird die Struktur inhomogener, es bilden sich große hypo- und hypereutektische Bereiche mit Dendritenwachstum aus. Darüber hinaus nimmt die Poren- und Rissbildung aufgrund des höheren Schmelzevolumens und des steigenden Anteils aluminiumreicher Schmelze durch mangelnde Homogenisierung zu. Im Übergangsbereich zum Kupfergrundwerkstoff sind zudem weitere kupferreiche Phasensäume und vereinzelte Dendriten mit einer Dicke von circa 1 bis 3 µm zu erkennen. Mechanisch kommt es für diese Grenzflächenzustände zu einem Übergang in sprödes Versagensverhalten. Zusammenfassend ergeben sich durch die Schmelzebildung eine beschleunigte Verbindungsbildung und Vergrößerung der stoffschlüssig angebundenen Kontaktfläche gegenüber dem Festphasenfügen. Ein Verbleib der eutektischen Zusammensetzung an der Grenzfläche ist technologisch jedoch nicht sinnvoll. Bei signifikanten Schmelzevolumina, die unter anderem vorteilhaft für die vollständige Benetzung und den Abtransport von Oxidresten in die Außenbereiche der Fügezone sind, kann durch den positionsgeregelten Prozess keine hinreichende Verdrängung der Schmelze stattfinden.

5.2 Kraftgeregelter Prozess

5.2.1 Prozessablauf

Wie in den vorangegangen Abschnitten dargestellt, gelingt es durch den Rührreibschweißprozess, das Erreichen der eutektischen Temperatur und eine entsprechende Schmelzebildung an der Grenzfläche zu erzielen. Die verbleibende Schicht neigt jedoch zu Poren- und Rissbildung und führt bereits bei geringen Schichtdicken zu einer Reduzierung der Duktilität und einem Versagen an der Grenzfläche. Zielsetzung der folgenden Untersuchungen war es daher, die Schmelze unmittelbar während beziehungsweise nach der Entstehung aus der Fügezone zu verdrängen. Gleichzeitig sollte die Querschnittsverringerung und Verformung des Kupferblechs minimiert werden, die während des positionsgeregelten Eintauchens des Werkzeugs in den kalten Werkstoff auftritt. In Abbildung 67 werden anhand eines beispielhaften Verlaufs der Prozessgrößen mehrere Besonderheiten des im Folgenden untersuchten, kraftgeregelten Prozesses deutlich.

1. Das Einschalten der Werkzeugrotation erfolgt nach Erreichen einer Triggerkraft von 200 N. Entsprechend werden während des Aufsetzens und Anlaufs kurzzeitig Kraft- und Drehmomentspitzen erreicht, da zunächst die Haftreibung überwunden werden muss. Die Soll-Drehzahl wird nach 0,1 bis 0,2 s erreicht. Im Gegensatz zu der Positionsregelung kommt es nicht zu der zuvor dargestellten Krafterhöhung auf über 6 bis 8 kN während des Eintauchens, da die Eintauchgeschwindigkeit eine resultierende Größe des Wärmeeintrags, der Fließspannung und der Prozesskraft ist. Hierbei ist die Prozesskraft wie dargestellt mit 4 bis 6 kN für einen Werkzeugdurchmesser von 10 mm vergleichsweise niedrig gewählt. So kommt es durch den kontinuierlichen Anpressdruck zwar zu einer Erwärmung des Werkstoffs, jedoch beträgt die resultierende Flächenpressung unterhalb des Werkzeugs nur etwa 50 bis 70 N/mm^2, was nur annähernd im Bereich der Fließspannung von Kupfer für Temperaturen zwischen 300 und 600 °C [MAT11] liegt. Ein Eintauchen in den Werkstoff während der Erwärmungsphase findet dementsprechend nicht statt. Dies ist unter anderem an dem leicht negativen Anstieg des Eintauchweges zu erkennen. Dieser ist auf die thermische Ausdehnung der Werkstücke sowie des

Werkzeugs bis zum Ende der dargestellten Reibphase zurückzuführen. Gleichzeitig erhöht sich das notwendige Drehmoment, was auf eine Erhöhung der Haftreibung während der Erwärmung des Kupfers schließen lässt, da Oxidschichten durchbrochen werden und der metallische Kontakt sowie die Adhäsionsneigung der Werkstoffe durch die Erweichung des Grundwerkstoffs zunehmen.

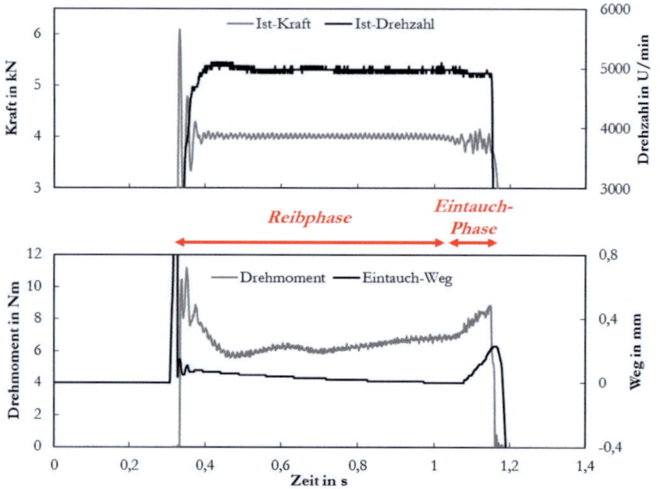

Abbildung 67: Verlauf der Prozessgrößen (n = 5.000 U/min; F = 4 kN; s_{max} = 0,2 mm; Øwz = 10 mm)

2. Am Ende der Reibphase ist wie in Abbildung 68 für alle Prozessvarianten eine Erhöhung der Amplitude der Ist-Kraft zu erkennen. Hierbei kommt es stets zu einem Abfall der Kraft um etwa 150 bis 300 N. An dieser Stelle wird von der Bildung der eutektischen Schmelze beziehungsweise einer durchgehenden Schmelzeschicht mit einer Mindestdicke von 10 bis 50 µm ausgegangen, da sich somit plötzlich eine Nachgiebigkeit zwischen den Werkstücken ergibt. Nahezu gleichzeitig kommt es zum Eintauchen des Werkzeugs und zum Erreichen des maximalen Eintauchweges von 0,2 mm nach circa 50 bis 100 ms. Über das Wegmesssystem wird das Erreichen dieses Eintauchwegs als Abbruchkriterium des Prozesses genutzt. Diese Kombination aus geringer Prozesskraft und vergleichsweise hoher Drehzahl

erlaubt daher das Erreichen der eutektischen Temperatur ohne signifikante Umformung des Kupferblechs.

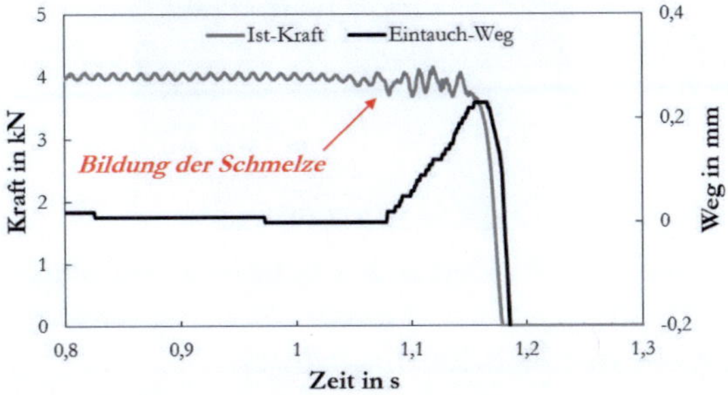

Abbildung 68: Detailansicht des Kraft-/Wegverlaufs nach Ende der Reibphase

Im Gegensatz zum positionsgeregelten Prozess hat der Eintauchprozess nur einen geringen Anteil von etwa 2 bis 20 % an der Gesamtprozesszeit, die im Wesentlichen durch die Reibphase bestimmt wird. Da das Ende der Reibphase mit dem Erreichen der eutektischen Temperatur gleichzusetzen ist beziehungsweise nur um wenige ms abweicht, wurde die Dauer der Reibphase als Zielgröße für nahezu alle folgenden Untersuchungen ausgewertet.

Nach Ende der Eintauchphase ist für alle Proben beim Trennen des Verbindungsbereichs eine ähnliche Struktur zu erkennen. Um den Verformungsbereich des Werkzeugs bildet sich ein sternförmiger Schmelzeaustrieb, die Größe dieses Bereichs erhöht sich mit der Drehzahl. Der Austrieb zeigt bei zahlreichen Proben eine leichte Asymmetrie, diese lässt sich jedoch nicht zum Beispiel auf die Anordnung der Bleche in der Vorrichtung zurückführen. Zusätzlich sind in der Mitte des Verformungsbereichs kleine dunkle Bereiche zu erkennen, bei denen es sich um Ansammlungen von Poren handelt.

Abbildung 69: Kupferoberfläche nach Auftrennen

5.2.2 Skalierung der Randbedingungen

In einer ersten Versuchsreihe wurden, wie in Tabelle 7 dargestellt, verschiedene Werkzeugdurchmesser eingesetzt, um die eutektische Reaktion unter skalierten Bedingungen auszulösen. Die Vergleichbarkeit der Werte wird über eine konstante Flächenpressung und Umfangsgeschwindigkeit innerhalb eines Parametersatzes erreicht, sodass Drehzahl und Prozesskraft für verschiedene Werkzeugdurchmesser entsprechend angepasst werden müssen.

Tabelle 7: Übersicht der verwendeten Parameterkombinationen

v_R in mm/min		n in U/min			
		6 mm	8 mm	10 mm	12 mm
v_1	**1,57**	5.000	3.750	3.000	**2.917**
v_2	**1,83**	5.833	4.375	3.500	**3.334**
v_3	**2,09**	6.667	5.000	4.000	**3.750**
v_4	**2,36**	7.500	5.625	4.500	**4.167**
v_5	**2,62**	-	6.250	5.000	-
v_6	**2,88**	-	6.875	5.500	-
v_7	**3,14**	-	7.500	6.000	-
p_{WZ} in N/mm²		**F_Z in kN**			
p_1	**50,9**	-	2,6	4	5,8
p_2	**63,7**	1,8	3,2	5	-
p_3	**76,4**	2,2	3,8	6	-

Hierbei sind nicht alle Kombinationen möglich, da Schweißzeit und Drehzahl auf jeweils 5 s und 8.000 U/min limitiert sind sowie größere Werkzeuge bei hohen Drehzahlen das zulässige Anfangsdrehmoment überschreiten.

Abbildung 70 zeigt am Beispiel verschiedener Werkzeugdurchmesser und Umfangsgeschwindigkeiten an 1-mm-Verbindungen den Einfluss des Reibprozesses auf die eutektische Reaktion, die am Ende der Reibphase stattfindet. Der Verlauf der resultierenden Dauer der Reibphase stellt sich in Abhängigkeit der Drehzahl als parallel verschobene exponentielle Funktion dar, wobei ein deutlich größerer Versatz zwischen 8 mm und 10 mm vorliegt als zwischen 10 mm und 12 mm Werkzeugdurchmesser.

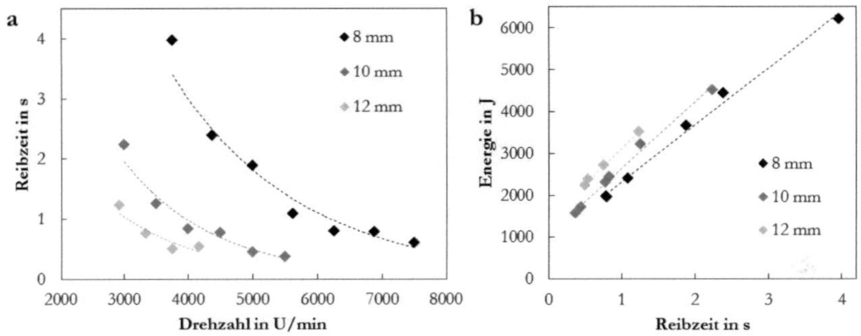

Abbildung 70: a) Einfluss der Drehzahl und des Durchmessers auf die Dauer der Reibphase; b) Energie-Zeit-Verlauf (1 mm; p = 50,9 N/mm²)

Es zeigen sich zwei Grenzbereiche der Reibphase auf. So werden für kleine Werkzeugdurchmesser oder geringe Drehzahlen sowie geringere Anpressdrücke lange Zeiten bis zum Erreichen der eutektischen Schmelze an der Grenzfläche benötigt. Gleichzeitig werden für hohe Drehzahlen oder größere Werkzeugdurchmesser beziehungsweise für erhöhte Anpressdrücke geringe Zeiten von weniger als 0,5 s erreicht. Der Effekt der Drehzahlerhöhung auf die Zeitverringerung wird jedoch in diesen Bereichen zunehmend kleiner. Abbildung 70b zeigt darüber hinaus die eingebrachte Schweißenergie in Abhängigkeit der benötigten Zeit in der Reibphase. Hierbei ergeben sich pro Werkzeug Verläufe entlang von Geraden, der Abstand der Punkte nimmt zwischen den Einzelwerten hin zu höheren Energiewerten stark zu. Die Punkte liegen nahezu auf einer Geraden.

Im Rahmen der Datenauswertung konnte ermittelt werden, dass es durch die Einführung einer Streckenenergie, das heißt die Normierung der Nettoenergie über den Werkzeugumfang, zu einer Überlagerung der Verläufe kommt. Dies wird darauf zurückgeführt, dass der Wärmeeintrag maßgeblich an der Außenkante des Werkzeugs zugeführt wird, da hier die maximale Relativgeschwindigkeit zwischen Werkzeug und Werkstück auftritt (vgl. Abbildung 71). Wird für den Wärmeeintrag ein Punkt auf der Außenkante des Werkzeugs betrachtet, legt dieser während einer Umdrehung eine Strecke in Höhe des Werkzeugumfangs zurück. Die gleiche Überlagerung der Werte findet folglich auch bei einer Normierung über den Werkzeugradius oder -durchmesser statt.

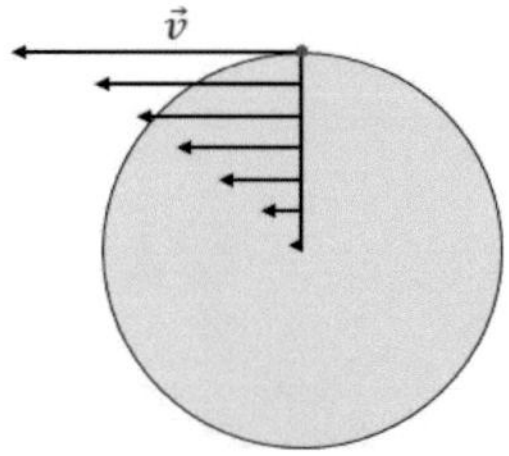

Abbildung 71: Umfangsgeschwindigkeit entlang des Werkzeugradius

Abbildung 72 stellt die Zusammenfassung der durchgeführten Vorversuche für 3 Blechdicken sowie für verschiedene Drehzahlen, Werkzeugdurchmesser (w6 bis w12) und Flächenpressungen (p1 bis p3, vgl. Tabelle 7) dar. Neben der normierten Energie ist die normierte Leistung in Abhängigkeit der benötigten Reibphase abgebildet. Es zeigt sich, dass die normierten Werte für alle Parameterkombinationen je Blechdicke im Fall der Energie einer Geraden und im Fall der Leistung einer Exponentialfunktion folgen. Die Unterschiede zwischen den Blechstärken sind auf die höhere notwendige Temperatur an der Grenzfläche Werkzeug/Kupferblech zurückzuführen, die notwendig ist, um an der Grenzfläche Aluminium/Kupfer die eutektische Schmelze zu bilden. In den Leistungsverläufen ist darüber hinaus jeweils ein Sättigungsbereich zu erkennen, in dem ein Mindestniveau der Leistung überschritten werden muss, um unter Einhaltung der Maximalzeiten das Erreichen der eutektischen Temperatur zu ermöglichen. Auf Höhe dieses Mindestniveaus entspricht der reibbasierte Wärmeeintrag der Wärmeabfuhr durch die Einspannvorrichtung, die Umgebung und das Werkzeug selbst. Das System befindet sich im Gleichgewicht in Bezug auf die eutektische Reaktion. Für ein Erreichen der Schmelzebildung müsste die Drehzahl oder der Werkzeugdurchmesser erhöht werden. Physikalisch weist der gemeinsame Verlauf der Werte außerdem auf den direkten Zusammenhang des

Erreichens der eutektischen Reaktion durch den reibbasierten Wärmeeintrag an der Werkstückoberfläche hin, was wiederum durch die stark vereinfachte Prozessvariante begründet ist. Während der Reibphase findet kein Eintauchen in den Kupferwerkstoff statt, ein umform- oder materialflussbedingter Effekt auf die Dauer der Reibphase ist entsprechend zu vernachlässigen. Für Versuche mit Reibstift oder signifikanter Umformung ist von deutlich abweichenden Ergebnissen auszugehen.

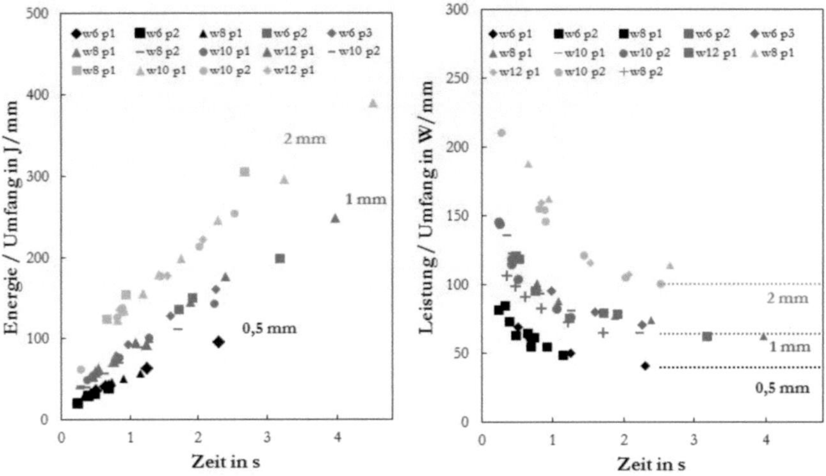

Abbildung 72: Normierte Schweißenergie der Vorversuche in Abhängigkeit der benötigten Schweißzeit

Die Betrachtung ausgewählter Querschliffe der Verbindung verdeutlicht darüber hinaus weitere Unterschiede zwischen den Blechdicken und genutzten Werkzeugdurchmessern. Somit kommt es bei 0,5-mm-Verbindungen (Abbildung 73) zu einer ausgeprägten Verformung und Aufwölbung der Bleche. Die Bildung einer Schmelze erfolgt ungleichmäßig und erst in einem hohen Drehzahlbereich. Ein Verdrängen der Schmelze kann lediglich bei maximaler Drehzahl zwischen 6.000 und 7.000 U/min beobachtet werden. Im Verlauf der Prozessgrößen ist wie in Abbildung 74 keine signifikante Abgrenzung im Kraftverlauf zwischen Reibphase und Eintauchbereich zu erkennen. Zudem ist die Eintauchphase etwa doppelt so lang wie bei 1-mm-Verbindungen, sodass davon auszugehen ist, dass sich keine vollständige Schmelzeschicht gebildet hat und der Austrieb weniger effizient stattfindet. Im Vergleich zu einem positionsgeregelten Prozess ist jedoch eine signifikant verringerte Grenzflächenverformung zu beobachten, was auf den gleichmäßigen Anstieg des Drehmoments sowie die reduzierte Eintauchtiefe des Werkzeugs zurückzuführen ist.

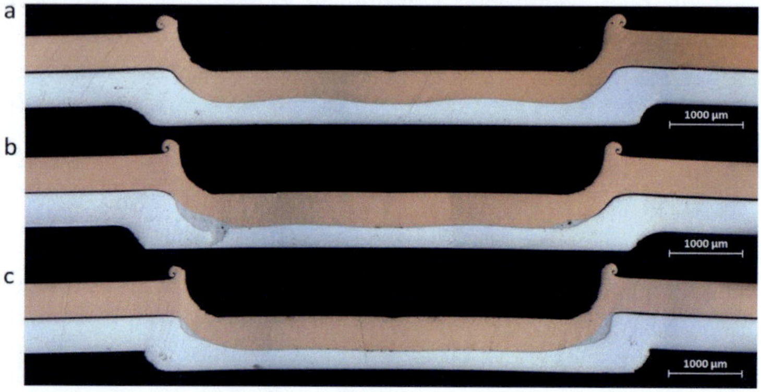

Abbildung 73: 0,5-mm-Verbindungen für a) 4.167 U/min, b) 5.833 U/min und c) 6.667 U/min (F = 1,8 kN; s_{max} = 0,2 mm; Øwz = 6 mm)

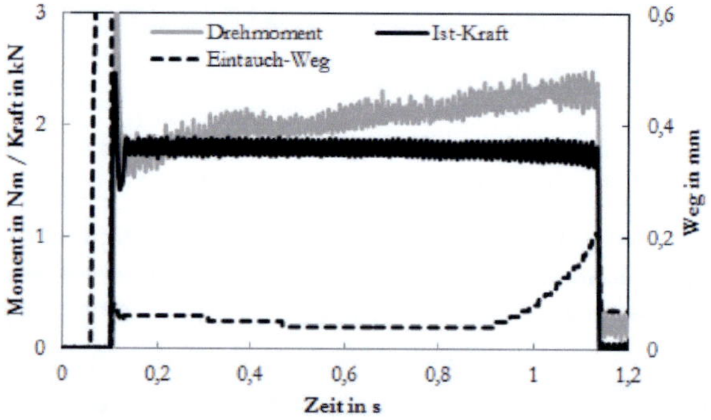

Abbildung 74: Verlauf der Prozessgrößen an 0,5 mm Blechstärke (n = 6.667 U/min, F = 1,8 kN; s_{max} = 0,2 mm; Øwz = 6 mm)

Verbindungen von 1 mm starken Blechen (vgl. Abbildung 75) weisen eine verringerte Verformung auf. Wie zuvor kommt es jedoch zu einer leichten Aufwölbung des Kupferblechs, sodass sich bei der nominalen Eintauchtiefe von

0,2 mm eine relative Eintauchtiefe von 0,3 bis 0,4 mm von der Kupferoberfläche aus ergibt. Ein elastischer Verformungsanteil ist nicht zu beobachten.

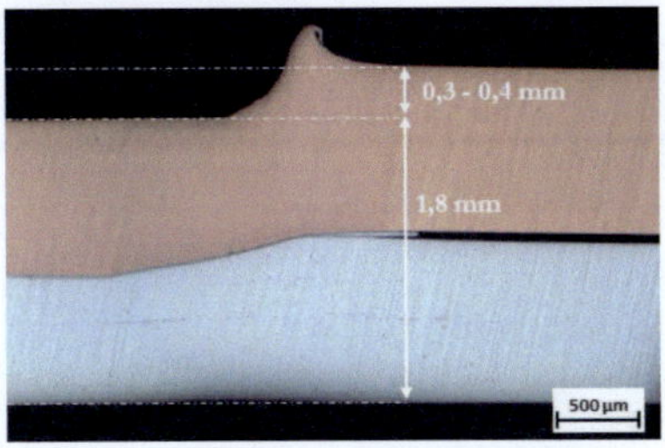

Abbildung 75: Exemplarische Darstellung des relativen Eintauchwegs (1 mm Blechdicke)

Im Vergleich der Schliffe in Abbildung 76 ist ein Einfluss der Drehzahl auf die Grenzflächenbildung zu erkennen. So kommt es bei geringer Drehzahl und resultierender Schweißzeit von etwa 2 s zu einer wellenförmigen Verformung der Grenzfläche mit erkennbaren Wölbungen in der äußeren Hälfte des Fügepunktradius. Gleichzeitig sind für alle Proben ein mit der Drehzahl steigender Schmelzeaustrieb sowie eine verstärkte Porenbildung im Zentrum der Fügezone zu erkennen. Diese signifikante Porenbildung weist auf einen erhöhten Aluminiumanteil in der Schmelze zum Zeitpunkt der Erstarrung hin, was auf mehrere Randbedingungen zurückzuführen ist. Da mit steigender Drehzahl die Dauer der Reibphase bis zum Erreichen der eutektischen Temperatur reduziert wird, sinkt ebenso die verfügbare Zeit für Diffusionsvorgänge.

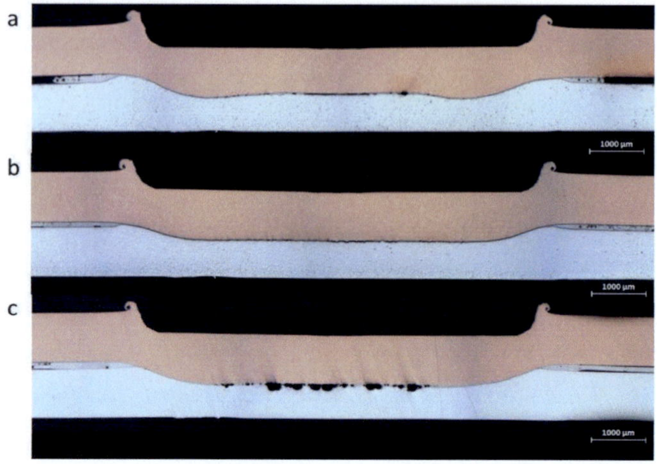

Abbildung 76: 1-mm-Verbindungen für a) 3.750 U/min, b) 5.625 U/min und c) 6.875 U/min (F = 3,2 kN; s_{max} = 0,2 mm; Øwz = 8 mm)

Die lokale Schmelzebildung beginnt oberhalb der eutektischen Temperatur bereits in geringer Kupferkonzentration beim Eintritt in das Zweiphasengebiet $\alpha + L$. Bei geringer Reibphase verbleibt weniger Zeit für eine Anreicherung der Schmelzeschicht mit Kupfer, die Erstarrung erfolgt hypoeutektisch. Bevor der Eintauchprozess beginnt, kann es zusätzlich bei hoher Aufheizrate und gleichbleibender Reglerfrequenz zu einem Überschreiten der eutektischen Temperatur kommen. Dies führt ebenso zu einem höheren Anteil an Aluminiumschmelze und Abkühlung in hypoeutektischer Zusammensetzung.

2-mm-Verbindungen zeigen im Vergleich in Abbildung 77 eine reduzierte Grenzflächenverformung, jedoch eine maximale Porenbildung an der Grenzfläche. Gleichzeitig treten je nach Erwärmung der Anlagenkomponenten und auch innerhalb einer Versuchsreihe starke Schwankungen der Prozesszeit auf. Als Ursache kann hierbei das relativ große Kupfervolumen betrachtet werden, das erwärmt werden muss, um an der Grenzfläche die Schmelzebildung auszulösen. Es ergeben sich durch die Ableitung in die gut leitfähigen, 2 mm starken Fügewerkstoffe somit starke Abhängigkeiten von den Wärmeleitungsbedingungen. Ebenso werden im Vergleich zu 0,5 mm und 1 mm maximale Energieeinträge benötigt, was ebenfalls zu einer lokalen Überschreitung der eutektischen Temperatur durch das erhöhte

Aspektverhältnis Blechstärke/Werkzeugdurchmesser und somit zu einer erhöhten Porenbildung führen kann. Zusammenfassend wurden mit dem Ziel einer minimalen Grenzflächenverformung sowie hinreichenden Reproduzierbarkeit der Prozesszeiten im weiteren Verlauf nur Verbindungen von 1 mm starken Blechen betrachtet.

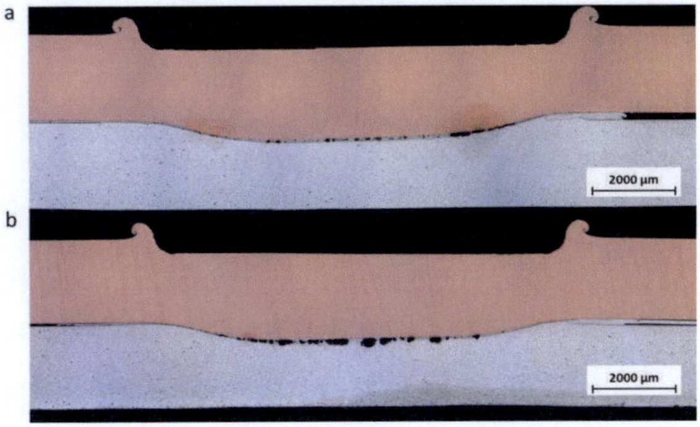

Abbildung 77: 2-mm-Verbindungen für a) 4.500 U/min und b) 7.000 U/min (F = 5 kN; s_{max} = 0,2 mm; Øwz = 10 mm)

5.2.3 Einfluss der Prozessgrößen

Auf Basis der Voruntersuchungen wurden im nächsten Schritt einzelne Variationen der Prozessgrößen untersucht, um deren Einfluss auf die eutektische Reaktion zu ermitteln. Abbildung 78 zeigt den Verlauf der Prozessgrößen Drehmoment, Ist-Kraft und Schweißweg für zwei verschiedene Drehzahlen bei einem Werkzeugdurchmesser von 10 mm an 1-mm-Schweißungen. Hierbei ist ein qualitativ gleicher Verlauf zu erkennen, wobei die resultierende Reibzeit nicht linear durch die eingebrachte Reibleistung beeinflusst wird. Darüber hinaus kommt es bei einer Axialkraft von 5 kN stets nach Erreichen eines Drehmoments von circa 12 Nm zur eutektischen Reaktion. Der Effekt kann mit der Temperaturabhängigkeit des Reibkoeffizienten zwischen Kupfer und Stahl begründet werden. Das Drehmoment ist bei konstanter Flächenpressung und gleichem Werkzeugdurchmesser lediglich abhängig vom Reibkoeffizienten, der wiederum temperaturabhängig ist. Das Drehmoment bei Beginn der Eintauchphase wird entsprechend durch den Reibkoeffizienten bei der Temperatur bestimmt, die an der Kupferoberfläche erreicht werden muss, damit an der Grenzfläche Aluminium-Kupfer die Temperatur zum Erreichen der eutektischen Schmelze vorliegen kann.

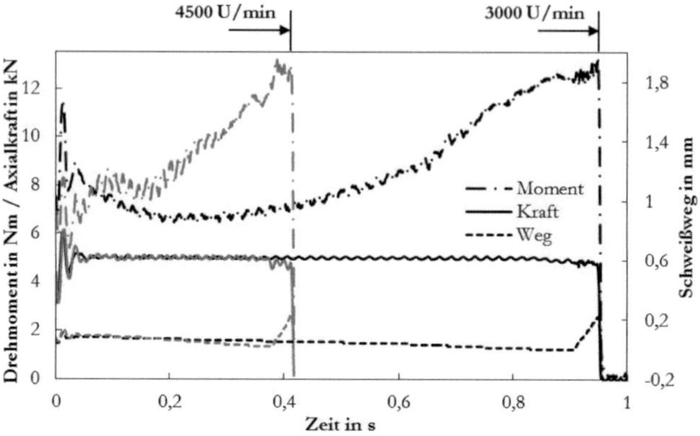

Abbildung 78: Verlauf der Prozessgrößen für verschiedene Drehzahlen ($F = 5$ kN; $s_{max} = 0{,}2$ mm; $Øwz = 10$ mm)

Ferner kann für alle Verläufe ein zunächst negativer Anstieg des Schweißweges während der Reibphase festgestellt werden. Dieser ist auf die thermische Ausdehnung der Werkstücke und des Werkzeugs während des Aufgleitens des Letzteren zurückzuführen. Werden die Verläufe der Werte für verschiedene Werkzeugdurchmesser verglichen, sind unterschiedliche Absolutwerte des Drehmoments bei Erreichen der eutektischen Reaktion zu erkennen, da die Kontaktfläche vergrößert ist. Die Umfangsgeschwindigkeit v_4 (Tabelle 7) ist hierbei für beide Parameter gleich und ergibt für 10 mm Durchmesser eine Drehzahl von 4.500 U/min und für 8 mm Durchmesser entsprechend 5.625 U/min. Qualitativ zeigen sich erneut gleiche Abläufe hinsichtlich Kraftunstetigkeit und Eintauchverhalten. Es ist an dieser Stelle die Relevanz der konstanten, vergleichsweise niedrigen Flächenpressung zu betonen, die es ermöglicht, das Eintauchen nur über die Bildung der Schmelze zuzulassen und somit neben der Kraftregelung die parameterbezogene Basis des Ansatzes bildet. Für höhere Axialkräfte würde es bereits während der Reibphase zu einer Verformung des Kupferblechs kommen. Ein Verdrängen der Schmelze durch die Kraftübertragung über das Kupferblech wäre somit weniger effektiv.

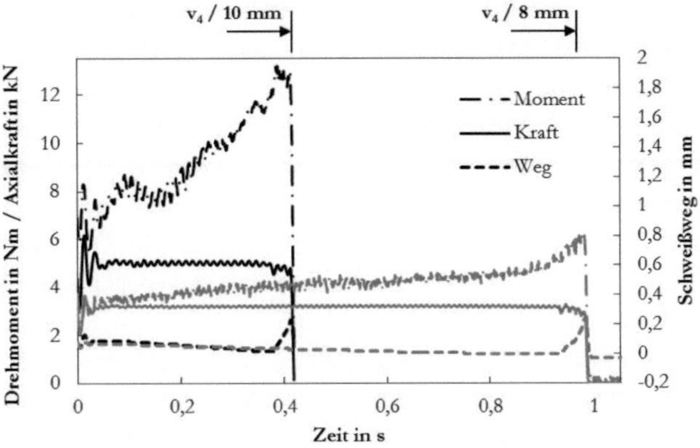

Abbildung 79: Verlauf der Prozessgrößen für verschiedene Werkzeugdurchmesser (p = 63,7 N/mm²; s_{max} = 0,2 mm)

Für steigende Umfangsgeschwindigkeiten ergibt sich bezogen auf die resultierende Reibzeit, wie in Abbildung 80 dargestellt, ein exponentieller Verlauf der Werte. Während für hohe Umfangsgeschwindigkeiten ein Annähern der Werte gegen 0,3 s zu erkennen ist, würde eine weitere Reduzierung der Umfangsgeschwindigkeit < v_1 zu einer überhöhten Schweißzeit führen, die aufgrund der Drehzahl- und Zeitbegrenzung der Anlage nicht abbildbar ist.

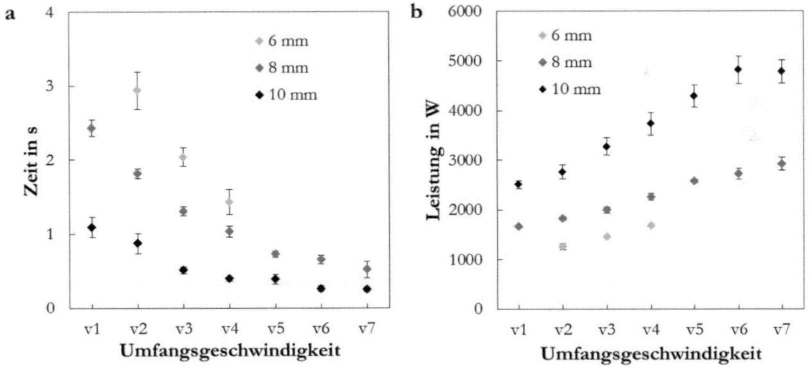

Abbildung 80: Reibzeit und mittlere Leistung in Abhängigkeit von Blechdicke und Umfangsgeschwindigkeit

Die für den Prozess benötigte, mittlere Leistung steigt entsprechend und die resultierende Zeitverkürzung nähert sich bei einem Werkzeugdurchmesser von 10 mm bei hoher Umfangsgeschwindigkeit einem Grenzwert von etwa 0,2 s. Dieser ergibt sich, da trotz Erhöhung des Energieeintrags keine weitere Reduzierung der Reibphase stattfindet. Diese Limitierung kann unter anderem darauf zurückgeführt werden, dass die Schmelztemperatur der Grundwerkstoffe nicht erreicht wird. Entsprechend spielt zu Beginn die Festphasendiffusion zwischen Aluminium und Kupfer für das Auslösen der eutektischen Reaktionen eine signifikante Rolle. Die Diffusionsgeschwindigkeit im festen Zustand ist jedoch weitaus geringer als in der Flüssigphase. Es ist folglich von Mindestzeiten für die Bildung eines ersten Stoffschlusses als Basis für eine weitere Interdiffusion auszugehen. Ebenso müssen Oxidschichten aufgebrochen werden, um den Initialkontakt auf Atomebene herzustellen. Aus vergleichbaren Festphasenfügeprozessen wie Ultraschallschweißen sind für Kontaktflächen dieser Größe keine geringeren Prozesszeiten bekannt.

Abbildung 81 fasst wie in den Voruntersuchungen die auf den Werkzeugumfang normierten Einzelwerte aus Abbildung 80 für einen Werkzeugdurchmesser von 8 und 10 mm zusammen.

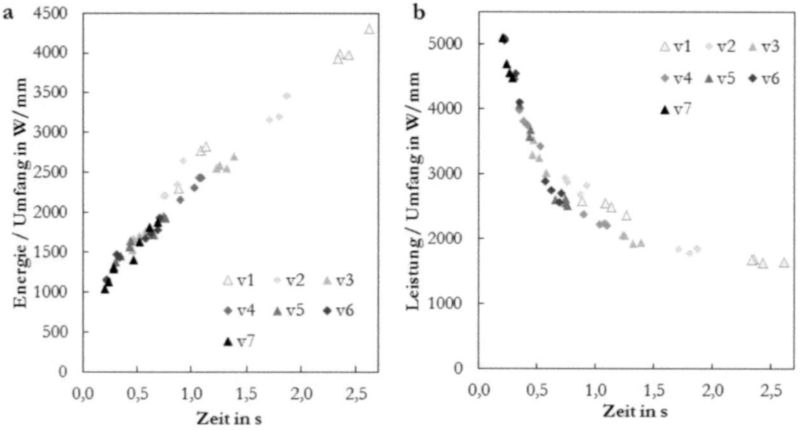

Abbildung 81: Streckenenergie und -leistung für 1-mm-Schweißungen und verschiedene Umfangsgeschwindigkeiten (p = 63,7 N/mm²; s_{max} = 0,2 mm; Øwz = 8; 10 mm)

Wie zu erkennen ist, liegen alle Werte der Energie auf einer Geraden, während sich im Leistungs-Zeit-Diagramm eine Exponentialfunktion ergibt. Die hohe Vergleichbarkeit der Werte ist durch den vergleichsweise vereinfachten Energieeintrag zu begründen. Aufgrund der minimierten Umformung während des Aufwärmprozesses ergeben sich wenig zusätzliche Randbedingungen. Die Prozesszeiten werden durch die Reibfläche, den Anpressdruck, den Reibkoeffizienten sowie die Drehzahl beeinflusst. Für einen konventionellen Rührreibpunktschweißprozess wären zusätzlich der auftretende Materialfluss um den Stift und der daraus resultierende Anteil des Wärmeeintrags durch Umformung zu berücksichtigen.

Abbildung 82 zeigt den Verlauf der Prozessgrößen und der resultierenden Temperatur in der Fügezone. Hier zeigen die beim Aufsetzen und Anfahren des Werkzeugs auftretenden Drehmomentmaxima keinen Einfluss auf die Erwärmung, die sich während der Reibphase kontinuierlich fortsetzt. Vor Beginn der Eintauchphase wird ein Temperaturmaximum von 565 °C erreicht.

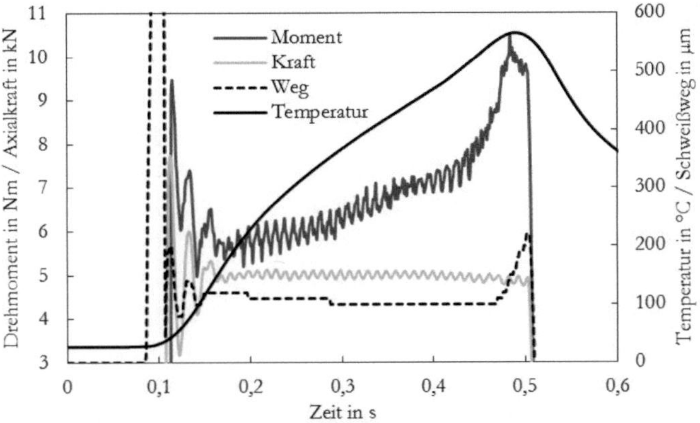

Abbildung 82: Verlauf der Fügezonentemperatur und Prozessgrößen bei hoher Drehzahl (n = 6.000 U/min, F = 5 kN; Øwz = 10 mm)

Das Eintauchen hingegen führt durch das Verdrängen der Schmelze zu einem erneuten Absinken der Temperatur, die nach Ende des Prozesses weiter abfällt. Der Eintauchprozess stellt an dieser Stelle einen wesentlichen Einfluss auf die Abkühlgeschwindigkeit dar, da mit der Schmelze ein Großteil der in der Fügezone gespeicherten Wärmeenergie verdrängt wird. Im Vergleich einiger

Spitzenwerte in Abbildung 83 zeigt sich, dass die maximale Prozesstemperatur für hohe Drehzahlen und entsprechend kurze Prozesszeiten tendenziell den eutektischen Punkt überschreitet. Es ist davon auszugehen, dass der Beginn des Eintauchprozesses durch die Trägheit der Kraftregelung limitiert ist und es so zu Temperaturüberhöhungen bis auf 590 °C kommt.

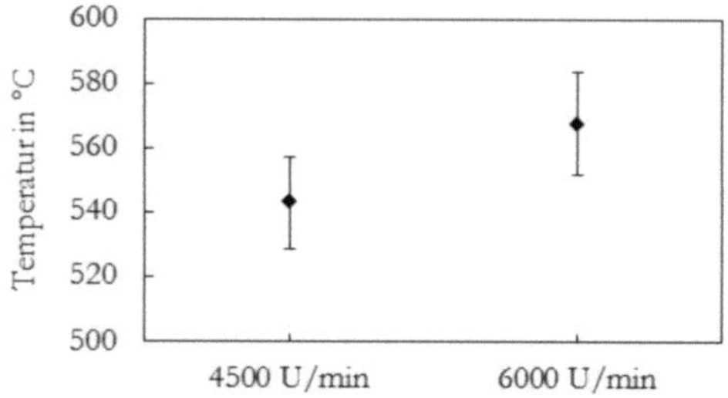

Abbildung 83: Temperaturmaximum in Abhängigkeit der Drehzahl (F = 5 kN; Øwz = 10 mm)

Dieses Ergebnis deckt sich mit dem zunehmenden Schmelzevolumen mit Erhöhung der Drehzahl. Bei Temperaturen zwischen der eutektischen Temperatur und der Schmelztemperatur wird mehr aluminiumreiche Schmelze aus dem Zweiphasengebiet eingebracht, die Erstarrung erfolgt entsprechend zunehmend hypoeutektisch. Für die Betrachtung der Temperaturen muss zusätzlich berücksichtigt werden, dass für den Schweißprozess kein Gleichgewichtszustand vorliegt und die Zusammensetzungen und Temperaturen somit vom Zustandsdiagramm abweichen können. Wird die Schmelzebildung hingegen, wie in Abbildung 84 dargestellt, bei niedriger Reibleistung nicht innerhalb von maximal 2 bis 3 s erreicht, kommt es zu einem Temperaturplateau kurz unterhalb der eutektischen Temperatur und zu einer deutlichen Überhöhung der Schweißzeiten, was in Vorversuchen zu Fehlschweißungen aufgrund des Überschreitens der Maximalzeit führte. Es ist davon auszugehen, dass es in diesem Fall nicht zur plötzlichen Bildung eines hinreichenden Schmelzevolumens, sondern maximal zur Bildung eines dünnen Schmelzefilms kommt. Für eine Analyse dieses Sättigungseffekts sind weiterführende Untersuchungen notwendig. Es ist davon auszugehen, dass sich in diesem Grenzbereich der reibbasierte Wärmeeintrag und die Wärmeabfuhr durch die Vorrichtung und Spannmittel auf einem Niveau befinden.

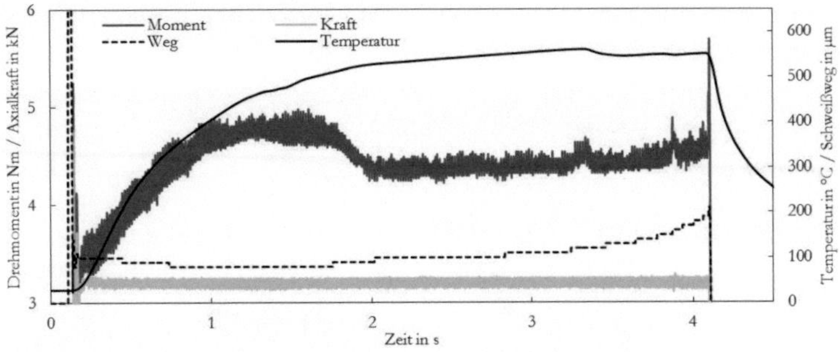

Abbildung 84: Verlauf der Fügezonentemperatur und Prozessgrößen bei niedriger, mittlerer Leistung (n = 3.750 U/min, F = 5 kN, s = 0,2 mm, Øwz = 8 mm)

5.2.4 Grenzflächenstruktur

Um die entstehende Grenzflächenstruktur und die Verbindungsmechanismen zu analysieren, wurde der Fügeprozess, wie in Abbildung 85 exemplarisch dargestellt, zu verschiedenen Stadien der Verbindungsbildung beendet. Je nach Werkzeugdurchmesser und Parameter weisen diese Stadien eine zeitliche Differenz von circa 100 bis 200 ms auf.

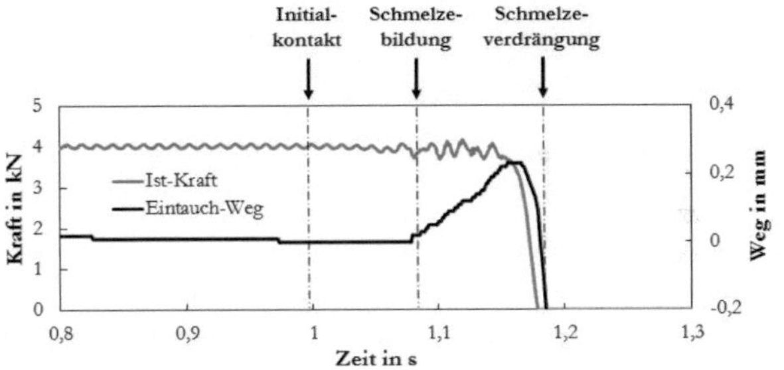

Abbildung 85: Verbindungsstadien am exemplarischen Prozessgrößenverlauf

5.2.4.1 Schmelzeverdrängung

Abbildung 86 bis Abbildung 88 zeigen die makroskopische und metallurgische Ausprägung der Fügezone für einen abgeschlossenen Fügeprozess mit geringer, mittlerer und hoher Drehzahl. Die resultierende Schweißzeit liegt in einem Bereich von 0,2 bis 1,1 s. Makroskopisch ist anhand der Panoramaansichten ersichtlich, dass mit steigender Drehzahl ein vergrößertes Volumen der seitlich verdrängten Schmelze zu erkennen ist.

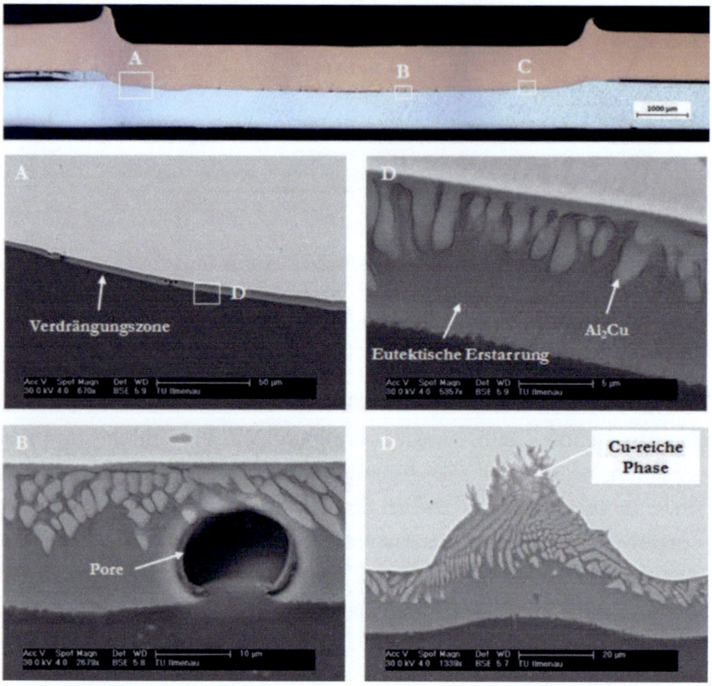

Abbildung 86: Querschliff und REM-Analyse der Grenzfläche
(n = 3.000 U/min; F = 5 kN; s_{max} = 0,2 mm; Øwz = 10 mm)

Darüber hinaus weist die Fügezone nur geringe Unterschiede auf. So lässt sich kein Unterschied in der Gratbildung oder Verformung der Grenzfläche erkennen. Proben, die bei hoher Drehzahl beziehungsweise in kurzer Prozesszeit gefügt wurden, zeigen eine leichte Ausformung der äußeren Bereiche, sodass sich eine w-förmige Grenzfläche im Querschnitt ergibt. In den REM-Aufnahmen der Grenzfläche fällt im Vergleich zu Abbildung 87 besonders auf, dass sich in den Randbereichen, aus denen die Schmelze verdrängt wurde, kaum mikroskopische Unterschiede zwischen verschiedenen Drehzahlen und resultierend verschiedenen Prozesszeiten erkennen lassen. So weist die kupfernahe Hälfte der Fügezone stets eine hypereutektische Struktur mit Al_2Cu-

Dendriten auf. Zur Aluminiumseite hin sind eine feinlamellare eutektische Matrix sowie vereinzelte Ausstülpungen von α-Aluminium zu erkennen. Es wird zum einen angenommen, dass die eutektische Reaktion und die Bildung der Mikrostruktur bei den kurzen Prozesszeiten stark durch die Diffusion von Kupfer in Aluminium dominiert werden. Zum anderen findet während des Eintauchvorgangs eine fortschreitende Schmelzebildung statt, nach Ende des Eintauchens erstarrt der nicht verdrängte Restsaum vermutlich unter annähernd gleichen Bedingungen.

In der Mitte der Fügezone sind wie in Abbildung 86c vereinzelte sowie zusammenhängende Hohlräume zu erkennen. Wie aus der Detailansicht hervorgeht, gehen diese von dem Aluminiumgrundwerkstoff aus und sind daher auf die Wasserstoffaufnahme des schmelzflüssigen α-Aluminiumanteils zurückzuführen. Kupferseitig sind darüber hinaus wie in Abbildung 86d in Bereichen hoher Umformung der Grenzfläche weitere kupferreiche Phasen zwischen den Al_2Cu-Dendriten und dem Kupfergrundwerkstoff zu erkennen. Es ist davon auszugehen, dass die Bildung dieser Phasensäume durch eine umformungsbedingte und lokale Reduzierung der Aktivierungsenergie auftritt.

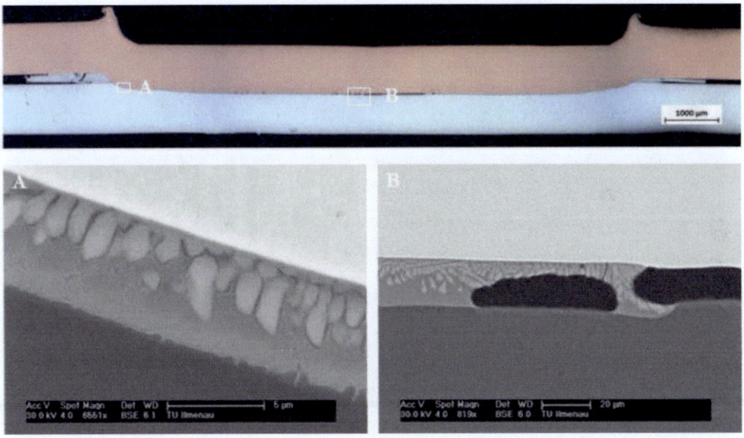

Abbildung 87: Querschliff und REM-Analyse der Grenzfläche
(n = 4.500 U/min; F = 5 kN; s_{max} = 0,2 mm; $Ø_{WZ}$ = 10 mm)

Bei hoher Vergrößerung ist auch in einzelnen Bereichen in der Mitte der Fügezone (vgl. Abbildung 88 C) ohne deutliche Verformung ein geringer weiterer Phasensaum erkennbar, bei dem es sich vermutlich um Al_4Cu_9 handelt. Die maximale Dicke liegt jedoch deutlich unter 1 µm. Darüber hinaus kann für zahlreiche Proben eine Zunahme der Porenbildung und des gesamten Hohlraumanteils in der Mitte der Fügezone beobachtet werden. Es wird hierbei angenommen, dass die kurzen Prozesszeiten die Diffusionszeit von Kupfer in Aluminium limitieren und somit zu einer eher aluminiumreichen Schmelze innerhalb des eutektischen Bereichs führen. Darüber hinaus ist bei kurzer Schweißzeit, wie zuvor aufgezeigt, davon auszugehen, dass die eutektische Temperatur rasch überschritten werden kann, bevor es durch das Eintauchen des Werkzeugs zum Prozessende kommt. Beide Phänomene begünstigen eine eher aluminiumreiche Schmelze im fest-flüssigen Phasenbereich und somit eine verstärkte Porenbildung durch die Aufnahme von Wasserstoff.

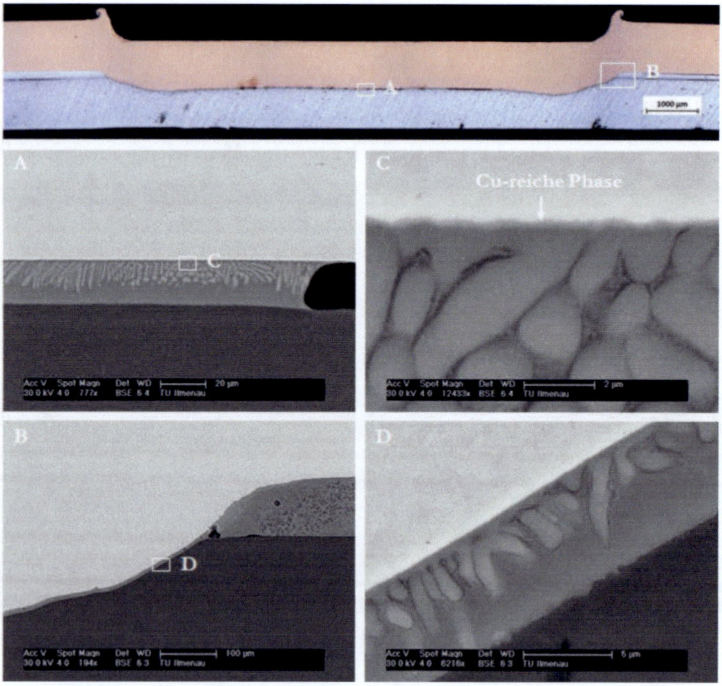

Abbildung 88: Querschliff und REM-Analyse der Grenzfläche
(n = 6.000 U/min; F = 5 kN; s_{max} = 0,2 mm; $Ø_{WZ}$ = 10 mm)

Die Struktur der verdrängten Schmelze außerhalb der Fügezone zeigt ebenso Unterschiede in Abhängigkeit der Prozesszeit. Abbildung 89 zeigt beispielhaft die Struktur bei der höchsten untersuchten Drehzahl nach einer resultierenden Prozesszeit von 0,5 s. Die verdrängte Schmelze zeigt zahlreiche Unregelmäßigkeiten und Fließstrukturen, die während der Überlagerung von Austrieb und Erstarrung entstehen. Bei allen Proben ist analog zu Versuchen mit Positionsregelung und hoher Verweilzeit eine Aufteilung in hyper- und/oder hypoeutektische Bereiche zu erkennen. Während kupfernah stets ein Saum mit Al_2Cu-Dendriten ersichtlich ist, variiert der anschließende Bereich. Für alle Proben ist zudem zu beobachten, dass die verdrängte Schmelze in der Nähe der Fügezone zwar eine Anbindung an den Kupfergrundwerkstoff, jedoch keine stoffschlüssige Verbindung zur Aluminiumoberfläche aufweist. Als Ursache hierfür wird die passivierende Oxidschicht des Aluminiums gesehen, die nur innerhalb der Fügezone aufgebrochen wird und außerhalb dieser die Benetzung mit der Schmelze behindert.

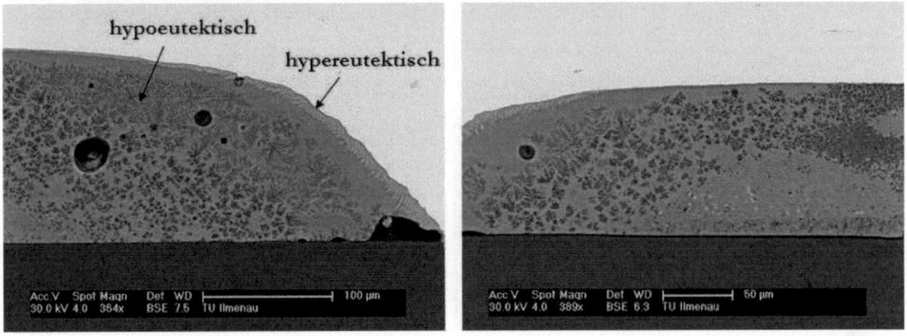

Abbildung 89: Verdrängte Schmelze (n = 6.000 U/min; F = 5 kN; s = 0,2 mm; $Ø_{WZ}$ = 10 mm)

Ein Vergleich der Struktur charakteristischer Erstarrungsbereiche außerhalb der Fügezone in Abbildung 90 zeigt eine unterschiedliche Zusammensetzung und Mikrostruktur der verdrängten Schmelze in Abhängigkeit der Prozesszeit.

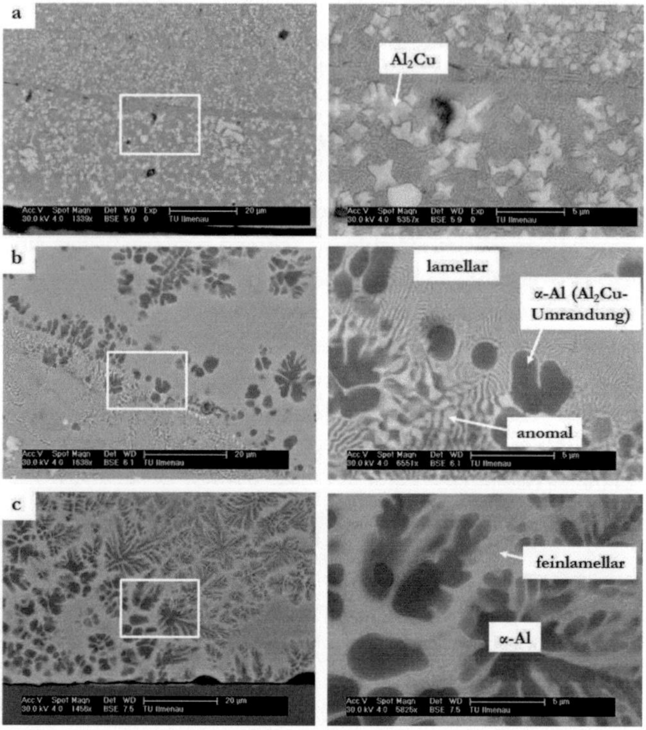

Abbildung 90: Mikrostruktur der verdrängten Schmelze bei a) 3.000 U/min, b) 4.500 U/min und c) 6.000 U/min (F = 5 kN; s = 0,2 mm; $Ø_{WZ}$ = 10 mm)

So entsteht bei einer Drehzahl von 3.000 U/min in Abbildung 90a, die in dieser Parameterkombination die längste Schweißzeit von etwa 1,2 s aufweist, zu großen Anteilen eine hypereutektische Zusammensetzung mit zahlreichen Al_2Cu-Dendriten beziehungsweise Dendritfragmenten. Es ergeben sich außerdem verschiedene Ebenen, die als zeitlich versetzte Fließbereiche gedeutet werden können. Zwischen diesen Fließbereichen unterscheiden sich die Gefügestrukturen hinsichtlich Größe und Art der Ausscheidungen. Teilweise findet wie in Abbildung 90b ein Wechsel von hypo- zu hypereutektischer Erstarrung statt, das heißt, es befinden sich in einer Fließstruktur Al_2Cu-Ausscheidungen und in der nächsten α-Aluminiumausscheidungen. Ursächlich hierfür ist die Überlagerung von Eintauchvorgang und Rotation des Werkzeugs.

Während des Verdrängens der Schmelze wird gleichzeitig Schmelze nachgebildet, sodass die Zusammensetzung des verdrängten Materials Inhomogenitäten aufweisen kann.

Bei einer mittleren Drehzahl und Schweißzeit von 4.500 U/min und etwa 0,4 s (vgl. Abbildung 90b) ergibt sich eine gemischte Zusammensetzung mit großen lamellar eutektischen Bereichen sowie vereinzelten Al_2Cu- und α-Ausscheidungen. Zwischen den Ausscheidungen sind darüber hinaus anomale eutektische Bereiche zu erkennen, die auf ein Wiederaufschmelzen der Zusammensetzung während der Erstarrung hinweisen. Dieser Effekt tritt auf, wenn große Volumina gleichzeitig erstarren und die entstehende Rekaleszenzwärme erneut ein Erreichen der eutektischen Temperatur bewirkt. Die α-Ausscheidungen weisen außerdem ausgeprägte Al_2Cu-Umrandungen auf, die entstehen, wenn Stoff B kurz vor der vollständigen Erstarrung der eutektischen Zwischenräume während des Dendritenwachstums von A abgestoßen wird. Für eine hohe Drehzahl und kurze Schweißzeit von 6.000 U/min und etwa 0,2 s ist in Abbildung 90c eine erneute Änderung der Mikrostruktur zu einer stark hypoeutektischen Zusammensetzung zu erkennen. Auffällig ist die Ausscheidung zahlreicher, teils stark verzweigter α-Dendriten, was auf einen hohen Aluminiumanteil in der Schmelze schließen lässt. Die eutektische Matrix weist aufgrund der hohen Heiz- und Abkühlrate eine so feinlamellare Struktur auf, dass sie bei knapp 6.000-facher Vergrößerung nur ansatzweise zu erkennen ist. Die zuvor beschriebenen Umrandungen mit der jeweils anderen Phase sind hierbei kaum zu erkennen.

Ein Vergleich der Fügezonen nach Mikroätzung des Kupfergrundwerkstoffs in Abbildung 91 zeigt, wie bereits bei durch Positionsregelung hergestellten Verbindungen, keine signifikanten Unterschiede der Kornstruktur. Eine Rührzone wie bei Rührreibpunktschweißungen ist nicht zu erkennen. Im Kontaktbereich zwischen Kupfer und Werkzeug sowie im Zentrum der Fügezone zeigen sich leichte Kornvergrößerungen, die auf den maximalen Wärmeeintrag beziehungsweise -stau in diesen Bereichen zurückzuführen sind.

Insgesamt werden der Initialkontakt der Grundwerkstoffe sowie die Diffusionsvorgänge vor Erreichen der eutektischen Temperatur zwar durch den Fügedruck und die resultierende Mikroumformung an den Rauheitsspitzen begünstigt, jedoch kann kein aktiver Materialfluss als Einfluss auf den Fügeprozess und die Diffusionsvorgänge nachgewiesen werden.

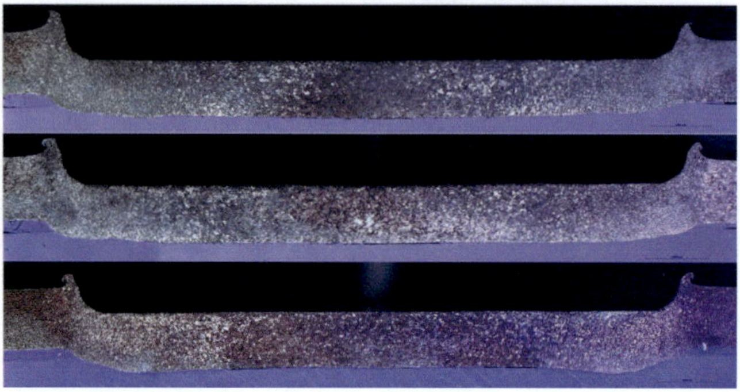

Abbildung 91: Mikrostruktur des Kupferblechs unter polarisiertem Licht für a) 3.000 U/min; b) 4.500 U/min und c) 6.000 U/min (F = 5 kN; s = 0,2 mm; $Ø_{WZ}$ = 10 mm

5.2.4.2 Schmelzebildung

Weitere Erkenntnisse zur Bildung der Schmelze lassen sich ableiten, wenn der Prozess noch vor dem Eintauchen des Werkzeugs im Moment der ersten signifikanten Kraftunstetigkeit abgebrochen wird. Das Auftreten der Kraftunstetigkeit bedeutet, dass sich unter dem Kupferblech in der Fügezone eine durchgängige Zone eines geringeren Materialwiderstands befindet, sodass es wenige Millisekunden danach zu einer Verformung des Kupferblechs kommt. Bei der gewählten Flächenpressung war eine Verformung des Kupferblechs über alle Versuche ausschließlich gemeinsam mit dem Austrieb von Schmelze zu beobachten. Für den Prozessabbruch wurde eine Unterschreitung der Soll-Kraft um 200 N als Abbruchgröße genutzt um den Prozess vor Beginn des Eintauchvorgangs zu beenden. Abbildung 92 zeigt das fehlende Eintauchen des Werkzeugs.

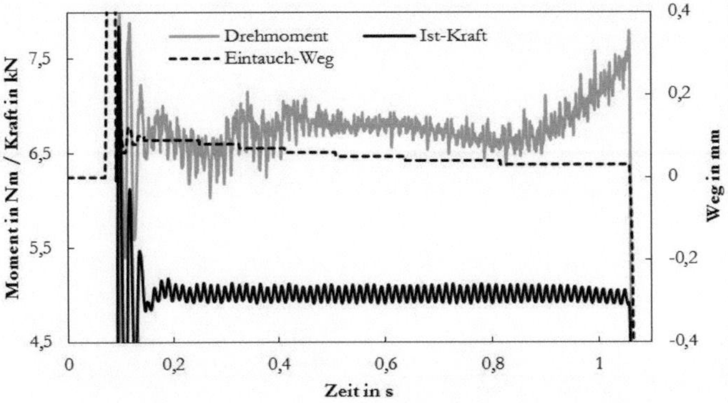

Abbildung 92: Verlauf der Prozessgrößen vor Prozessabbruch
(n = 4.500 U/min; F = 5 kN; Øwz = 10 mm)

Abbildung 93 bis Abbildung 95 zeigen die Bildung der Grenzfläche für verschiedene Drehzahlen und einen Werkzeugdurchmesser von 10 mm. In den Panoramaansichten ist ebenfalls zu erkennen, dass keine signifikante Querschnittsverringerung des Kupferblechs sowie keine wesentliche Gratbildung stattgefunden haben. An der Grenzfläche befindet sich eine Schmelzeschicht, die keinen Austrieb von Schmelzevolumen in die Außenbereiche aufzeigt. Es zeigt sich lediglich eine leichte Verformung des Aluminiumbereichs am Rand der Fügezone. In diesem Bereich sind gleichzeitig weniger Poren als im Zentrum der Fügezone zu erkennen.

Aus den Ergebnissen kann abgeleitet werden, dass die Bildung der Schmelze stattfand, jedoch der Schritt des Verdrängens in die Außenbereiche fehlte. Somit muss gleichzeitig eine leicht veränderte Abkühlbedingung berücksichtigt werden, da zu beiden Seiten ein fortbestehender Stoffschluss zu den Grundwerkstoffen über die gesamte Kontaktfläche für weitere Diffusionsvorgänge während der Erstarrung bereitstand.

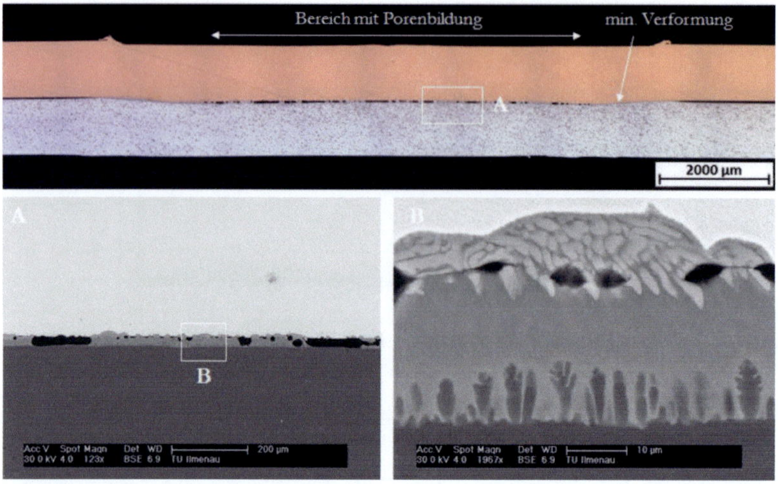

Abbildung 93: Kraftunstetigkeit – Querschliff und REM-Analyse der Grenzfläche (n = 4.500 U/min; F = 5 kN; Øwz = 10 mm)

Im Gegensatz zu den geschweißten Proben mit 0,2 mm Querschnittsverringerung zeigen die Grenzflächen in den REM-Aufnahmen signifikante Unterschiede. So sind entlang der gesamten Grenzfläche eine von Poren verbundene Trennebene sowie Ausstülpungen in Richtung des Kupfergrundwerkstoffs zu erkennen. Zuvor waren lediglich in der Mitte der Fügezone sowie in den nach außen verdrängten Bereichen Poren zu erkennen. Es kann davon ausgegangen werden, dass es sich bei der Verbindungslinie um die Reste der ursprünglichen Grenzfläche handelt, für Pressschweißverbindungen auch als Joint Line Remnant (JLR) bezeichnet. Während der eutektischen Reaktion selbst findet lediglich mikroskopisch gesehen Umformung statt. Die Schmelzebildung geht von den Verbindungspunkten aus, die durch den Initialkontakt entstanden sind. Die Ausdehnung der Schmelze entlang der Grenzfläche von circa 4 % führt zur beschleunigten Vergrößerung der Kontaktfläche und unterwandert Bereiche, die noch durch Oxidschichten voneinander getrennt sind. Die Initialkontakte sind als Ausstülpungen in Richtung der Kupferseite zu erkennen, da es hier zu kontinuierlicher Diffusion von Kupfer aus dem Grundwerkstoff in die Schmelze kommt.

Abbildung 94 zeigt eine schematische Darstellung der entstehenden Fügezone sowie eine vereinfachte Zuordnung der Erstarrungsbedingungen aus dem Zustandsdiagramm. Die Bildung der sichtbaren Trennebene kann durch zwei Phänomene erläutert werden. Zum einen kommt es in der Nähe von Poren zu einer Aufweitung angrenzender, nicht vollständig angebundener Bereiche. Zum anderen erstarrt der eutektische Bereich direkt unter beziehungsweise zuletzt zwischen den Al_2Cu-Ausscheidungen, da er die geringste Solidustemperatur im System aufweist. Der Wärmefluss findet in Richtung Aluminiumgrundwerkstoff statt, da unter dem Aluminiumblech die Einspannung als Wärmesenke wirkt. Somit ist der obere Schmelzebereich länger einer höheren Temperatur ausgesetzt und befindet sich entsprechend länger in der flüssigen Phase. Poren können daher bis zuletzt in die noch flüssigen, kupfernahen und interdendritischen Bereiche zwischen den erstarrenden Al_2Cu-Auscheidungen aufsteigen. Die Aufweitung der Trennebene kann zudem durch den genannten Volumensprung im Kontaktbereich verstärkt werden, der je nach Kupfergehalt zwischen 3 und 7 % betragen kann. Hinzu kommt, dass durch die Eingrenzung der Schmelze im Fügespalt und den fehlenden Materialfluss während dieser Versuche keine Möglichkeit besteht, Verunreinigungen, Oxidreste oder gasförmige Ausscheidungen aus der Fügezone herauszutransportieren. Der Zustand vor dem Verdrängungsprozess wird demzufolge eingefroren.

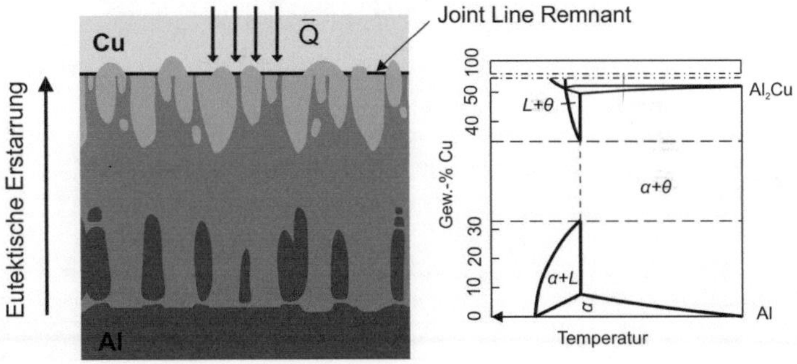

Abbildung 94: Schematische Darstellung der Erstarrung in der Fügezone

An den Poren in der Grenzfläche ist zudem zu erkennen, dass es nicht zu einem großvolumigen Aufschmelzen des Aluminiumgrundwerkstoffes kam. Zwar handelt es sich voraussichtlich um eine Wasserstoffentgasung aus der eutektischen Schmelze, jedoch ist ersichtlich, dass die Porenbildung erst nach dem α-Dendritenwachstum stattgefunden hat. Diese ragen teilweise in die Hohlräume hinein und müssen zum Zeitpunkt der Entgasung bereits vorhanden gewesen sein. Die in diesem Moment vorherrschende Temperatur war entsprechend kleiner der Solidustemperatur von Aluminium, sodass die Porenbildung aus den Zweiphasengebieten mit Anteilen von Aluminiumschmelze heraus erfolgt (Abbildung 94, $\alpha + L$ und $\theta + L$). Die Position der Grenzfläche bestätigt, wie bereits in Kapitel 2 erläutert, dass die Diffusion stark von der Kupferseite dominiert wird und entsprechend in diese Richtung verschoben ist. Dies wird jedoch durch die unterschiedlichen Temperatur-Zeit-Bedingungen überlagert.

Bei erhöhter Drehzahl können nach dem Moment der Aufschmelzung, wie in Abbildung 95 und einer Detailansicht in Abbildung 96 dargestellt, keine deutlichen Unterschiede erkannt werden. Je nach Probe und Ansichtsposition zeigt sich ebenfalls eine teilweise durchgehende oder auch unterbrochene Trennebene, die einen kupferreichen, stark hypereutektischen Bereich von einem größeren Bereich eutektischer und hypoeutektischer Erstarrung separiert.

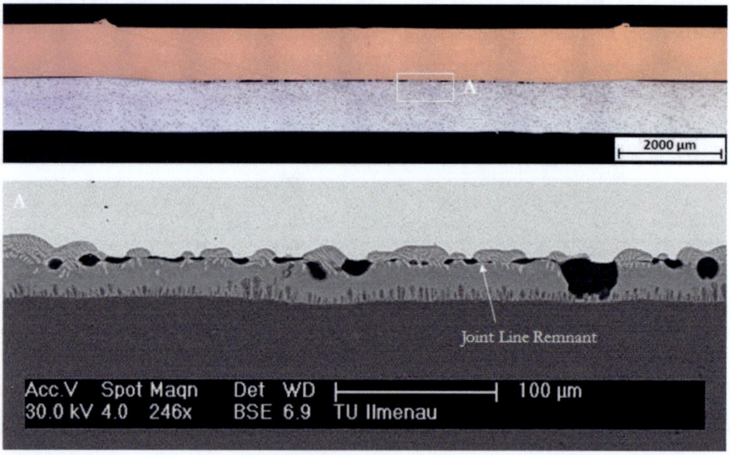

Abbildung 95: Kraftunstetigkeit – Querschliff und REM-Analyse der Grenzfläche (n = 6.000 U/min; F = 5 kN; Øwz = 10 mm)

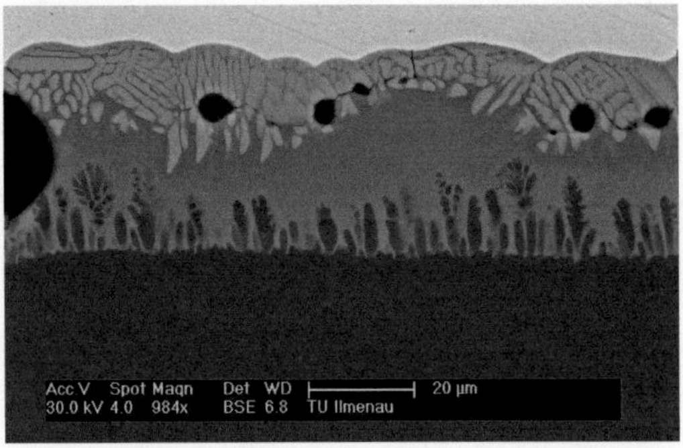

Abbildung 96: Kraftunstetigkeit – REM-Aufnahme der Grenzfläche
(n = 6.000 U/min; F = 5 kN; Øwz = 10 mm)

Die Gesamtschichtdicke des erstarrten Bereichs beträgt in den betrachteten REM-Aufnahmen etwa 20 bis 40 µm im erstarrten Zustand. Es ist davon auszugehen, dass diese Mindestdicke erreicht werden muss, damit es zu hinreichender Nachgiebigkeit unter dem Kupferblech kommt, die zum Einsinken des Werkzeugs führt.

Bei hoher Auflösung ist in der Detailansicht in Abbildung 97 ein zusätzlicher Diffusionsbereich/Phasensaum ähnlich der Morphologie von [HA+15] in Angrenzung an den Kupfergrundwerkstoff zu erkennen. In Schweißungen mit Nachsetzen des Werkzeugs konnten derartige Bereiche nur vereinzelt in den Schmelzedepots außerhalb der Fügezone und in Bereichen mit erhöhter lokaler Umformung festgestellt werden. Hierfür sind die veränderten Abkühlbedingungen zu betrachten. Während des Nachsetzens wird die vorhandene, heiße Schmelze nach außen verdrängt, die Fügezone eingeebnet und die Kupferoberfläche näher an den Phasenübergang von kühlerem, festem Aluminium gebracht. Da das Verdrängen unter fortlaufendem Wärmeeintrag durch das rotierende Werkzeug erfolgt, bildet sich kontinuierlich Schmelze nach, was auch den verbleibenden Restschmelzefilm nach Prozessende erklärt.

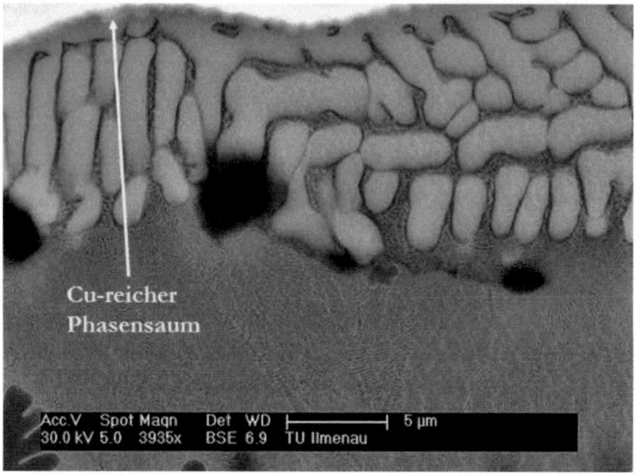

Abbildung 97: Bildung weiterer intermetallischer Phasen während des Abkühlens ohne Umformprozess

Fehlt der Nachsetzprozess, verbleiben die Schmelze und die darin gespeicherte Wärmeenergie in der Fügezone. Die Abkühlgeschwindigkeit ist geringer, was zur Bildung weiterer Phasen führen kann. Darüber hinaus wird die eutektische Schmelze nicht direkt während beziehungsweise nach der Bildung nach außen verdrängt, sodass sich die Schmelze weiterhin mit Kupfer- und Aluminium anreichern kann. Die eutektische Erstarrungsstruktur selbst zeigt jedoch kaum Unterschiede zwischen den verschiedenen Bereichen. Lediglich im hypereutektischen Bereich ist eine gröbere Lamellenstruktur zwischen den Al_2Cu-Dendriten zu erkennen.

In der Nähe des Übergangs zum Aluminiumgrundwerkstoff treten nur ohne den Nachsetzprozess signifikante α-Al-Dendriten in der Fügezone auf. Ihr Wachstum wird durch den Materialfluss während des Verdrängungsprozesses unterbrochen. Darüber weisen α-Al-Dendriten eine geringere Härte als Al_2Cu-Ausscheidungen auf und können entsprechend durch den Materialfluss leichter in die Außenbereiche transportiert werden. In den Analysen nach dem Nachsetzprozess zeigten sich stets zahlreiche Ausscheidungen und Fragmente innerhalb der verdrängten Bereiche (vgl. Abbildung 90c). Im Übergangsbereich zum Aluminiumgrundwerkstoff ist zudem ein circa 3 µm breiter Diffusionsbereich zu erkennen, bei dem es sich vermutlich um eine α-Mischkristallstruktur handelt.

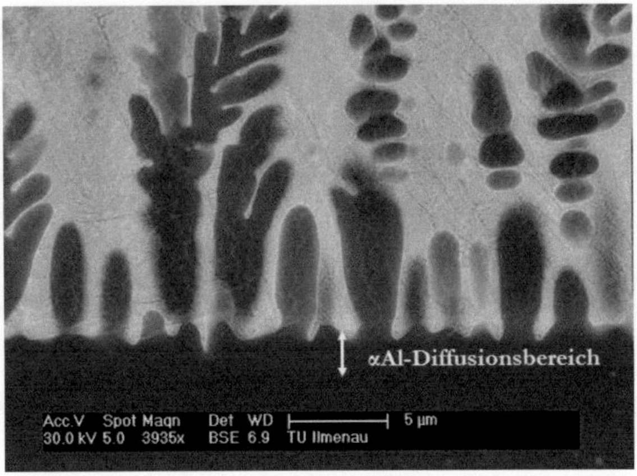

Abbildung 98: Detailansicht hypoeutektischer Erstarrung

5.2.4.3 Initialkontakt

Da die Untersuchungen zeigten, dass die Schmelzebildung im Moment der Kraftunstetigkeit bereits stark fortgeschritten ist, wurden weitere Versuche durchgeführt, in denen der Prozess noch vor Erreichen der Kraftunstetigkeit abgebrochen wurde. Hierzu wurden für verschiedene Drehzahlen die resultierenden Zeiten ermittelt und ausgehend davon Zeitschweißungen mit bis zu 0,3 s Verkürzung durchgeführt. In der Durchführung zeigte sich, dass ein Großteil der Proben mit verkürzter Schweißzeit schon mit minimaler Kraft getrennt werden kann. Es wird davon ausgegangen, dass die Verbindungsbildung durch die eutektische Reaktion und die entsprechende Bildung einer großflächigen Schmelzeschicht in etwa 0,2 s abläuft.

Abbildung 99 zeigt die Bruchflächen von Proben, die bei verschiedenen Zeitverkürzungen und einer Drehzahl von 3.000 U/min geschweißt wurden. Die Proben wurden nach dem Fortschritt der Anbindung sortiert, was teilweise gleichen oder geringeren Zeiten entspricht, da der genaue Reaktionsstart in Abhängigkeit des genauen Oberflächenzustands und des Temperaturzeitverlaufs abweichen kann. Es sind jedoch verschiedene Phasen zu unterscheiden.

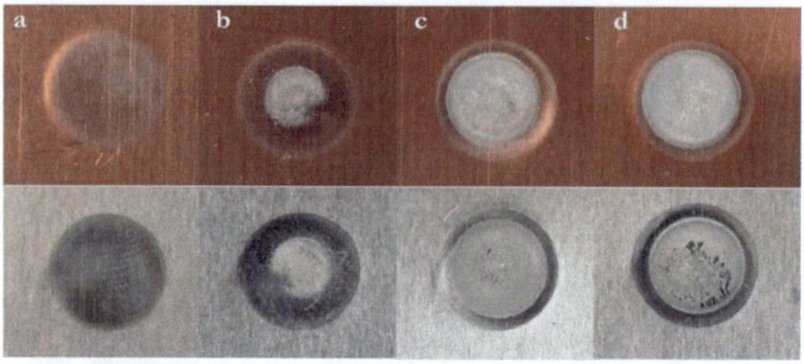

1- Reinigung 2- Festphasen-Diffusion 3- Schmelzebildung

Abbildung 99: Verschiedene Phasen vor Bildung des Schmelzefilms durch Verkürzung der Schweißzeit: a) 1,4 s; b) 1,7 s; c) 1,6 s; d) 1,6 s (n = 3.000 U/min, F = 5 kN)

So kommt es in Abbildung 99a durch den reibbasierten Wärmeeintrag und den gleichzeitigen Fügedruck zunächst zu Reinigungseffekten an der Oberfläche und einem metallischen blanken Kontakt. Diffusionsvorgänge haben zu diesem Zeitpunkt noch nicht stattgefunden, die Teile können nach dem Prozess noch getrennt entnommen werden. In Abbildung 99b–c ist die beginnende Festphasendiffusion zu erkennen. Die Teile lassen sich in diesem Zustand mit geringer Kraft ohne Verformung der Bleche trennen. Sie weisen jedoch einen mattgrauen Abdruck an der Bruchfläche ohne eine makroskopische Veränderung der Oberfläche auf. Die Diffusionsvorgänge beginnen hierbei in der Mitte der Fügefläche und dehnen sich anschließend bis zur projizierten Außenkante des Werkzeugs aus, das heißt über die Fläche, auf der die Axialkraft wirkt. Obwohl an dieser Stelle an der Kupferoberfläche die Bahngeschwindigkeit der Werkzeugrotation minimal ist, ist hier ein Wärmestau und ein früheres Erreichen hoher Temperaturen zu erwarten. Die Phase der Festphasendiffusion ist nur in einem geringen Zeitabschnitt zu erwarten, dem die beginnende Schmelzebildung in Abbildung 99 d folgt. Diese ist durch Porenbildung in der Mitte der Probe zu erkennen. Proben mit diesen Eigenschaften können nur mit erhöhter Kraft und leichter Blechverformung noch manuell getrennt werden.

5.2.5 Mechanischen Eigenschaften

Wie in Abbildung 100 und Abbildung 101 dargestellt, wurde für ausgewählte Proben der Einfluss der Prozesszeit und des Werkzeugdurchmessers auf die

Trennkraft im Scherzugversuch untersucht. Dabei zeigt sich zunächst, dass sich die Trennkraft für alle mit einem Werkzeugdurchmesser gefügten Verbindungen auf einem Niveau befindet, unabhängig von Drehzahl und Schweißzeit. Dies liegt für 8 mm Durchmesser bei circa 2.500 N und weist vergleichsweise niedrige Abweichungen der Mittelwerte bei einer Prüfung von 3 Proben pro Parametersatz auf. Für 10 mm Werkzeugdurchmesser ergibt sich eine Steigerung der Werte auf circa 3.000 N.

Für die beiden größeren Werkzeugdurchmesser 8 und 10 mm ist davon auszugehen, dass die zuvor festgestellten Unterschiede in der Schmelzebildung von zwei Randbedingungen überlagert werden. Zum einen bildet sich im ringförmigen Verdrängungsbereich stets eine vergleichbare Grenzflächenstruktur mit wenigen Mikrometer Restschmelzschichtdicke aus, die aus der REM-Analyse betrachtet nur Al_2Cu und keine weiteren kupferreichen, versagensrelevanten Phasensäume aufweist. Zum anderen ist die ringförmige Fläche dieses Bereichs für den jeweiligen Werkzeugdurchmesser immer etwa gleich groß, Unterschiede sind vorwiegend im Porenanteil in der Mitte der Fügezone sowie in der Zusammensetzung der ausgetriebenen Schmelzedepots zu erkennen. Das Versagensverhalten basiert entsprechend nur auf der Ringfläche des Verdrängungsbereichs.

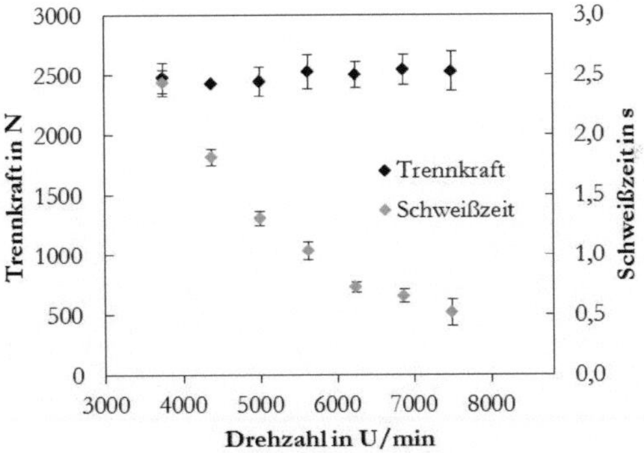

Abbildung 100: Einfluss der Drehzahl auf Schweißzeit und Trennkraft für $Ø_{WZ}$=8 mm

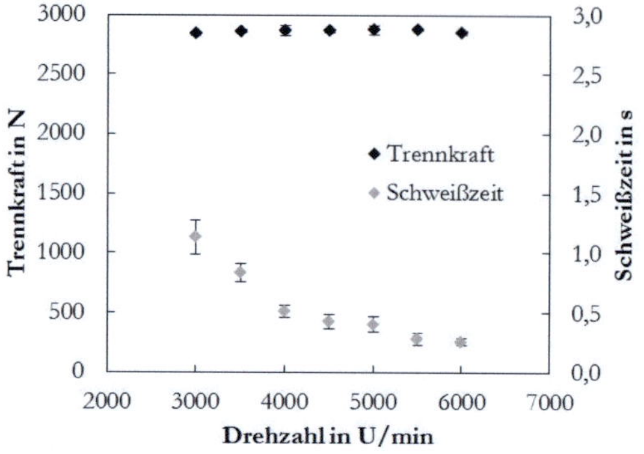

Abbildung 101: Einfluss der Drehzahl auf Schweißzeit und Trennkraft für Ø 10 mm

Anhand der Bruchbilder sind jedoch auch Unterschiede zwischen den verschiedenen Durchmessern und Schweißzeiten zu erkennen. In Abbildung 102 ist für 8-mm-Werkzeuge zu sehen, wie sich der Austrieb der Schmelze mit steigender Drehzahl verändert. Im unteren Drehzahlbereich zwischen 3.750 und 5.000 U/min ist nur an vereinzelten Stellen ein signifikanter Schmelzeaustrieb zu erkennen, während sich ab 5.625 U/min teilweise oder vollständig geschlossene Schmelzeringe um den eigentlichen Kontaktbereich des Werkzeugs bilden. Auf der Aluminiumseite ist ein teilweises Ausknöpfen ausgehend vom Randbereich der Fügezone zu erkennen, wohingegen bei 7.500 U/min ein vollständiges Ausknöpfen stattfindet.

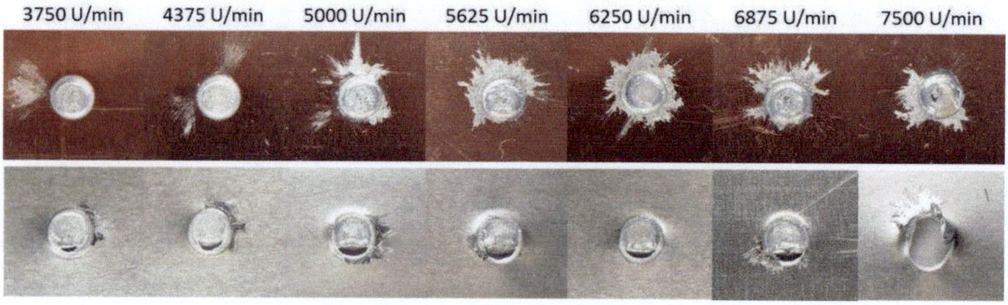

Abbildung 102: Versagensverhalten von 1-mm-Verbindungen mit Øwz = 8 mm (F = 3,2 kN; s = 0,2 mm)

Für 10-mm-Werkzeugdurchmesser (vgl. Abbildung 103) wird hingegen ein vollständiges Ausknöpfen im Grundmaterial für alle Drehzahlen erreicht. Durch die größere verfügbare Reibfläche werden umlaufend geschlossene Schmelzeringe hier bereits bei geringeren Bahngeschwindigkeiten erreicht als mit 8 mm Durchmesser. Deutlicher ausgeprägt sind darüber hinaus die nicht vollständig angebundenen Bereiche in der Mitte der Fügefläche, die in den Querschliffen starke Porenbildung aufwiesen. Dies ist insofern nachvollziehbar, als dass für die Schmelzeverdrängung im äußeren Bereich die gleiche Temperatur erreicht werden muss. So kommt es in der Mitte von großflächigeren Fügezonen zu einem stärkeren Wärmestau beziehungsweise einer lokalen Temperaturüberhöhung.

Abbildung 103: Versagensverhalten von 1-mm-Verbindungen mit
$\varnothing_{WZ}$ = 10 mm (F = 5 kN; s = 0,2 mm)

Verbindungen, die mit einem 6-mm-Werkzeug hergestellt wurden, weisen gegenüber Verbindungen von 8-mm-Werkzeugen eine deutlich reduzierte Trennkraft und Verformung der Proben während des Versagens auf. Ähnlich wie bei Verbindungen mit größerem Werkzeugdurchmesser ist eine Zunahme des Schmelzeaustriebs zu beobachten. Ebenso erhöht sich der Anteil des Versagensverhaltens durch Mischbruch.

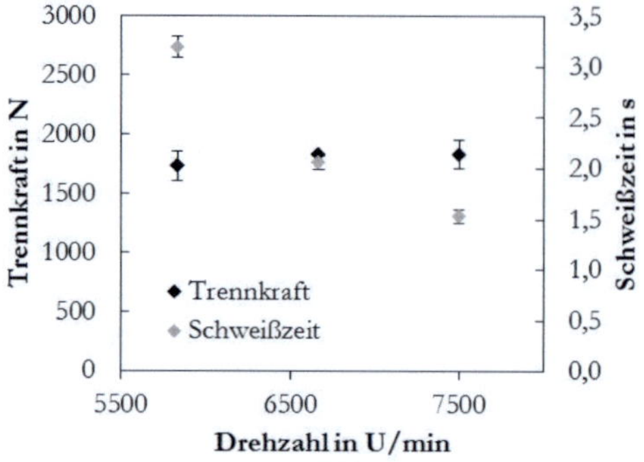

Abbildung 104: Versagensverhalten an 1-mm-Verbindungen mit Øwz = 6 mm (F = 5 kN; s = 0,2 mm)

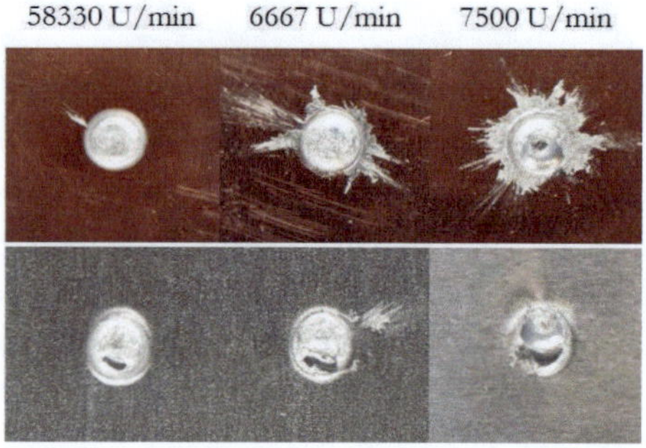

Abbildung 105: Versagensverhalten an 1-mm-Verbindungen mit Øwz = 6 mm (F = 5 kN; s = 0,2 mm)

Eine Betrachtung der Kraft-Weg-Verläufe in Abbildung 106 zeigt zudem ein duktiles Versagensverhalten mit nahezu identischen Verläufen für alle Proben je Durchmesser. Lediglich bei geringen Drehzahlen sind Unstetigkeiten im Bereich des Kraftmaximums zu beobachten, während Proben mit maximaler Drehzahl gleichmäßigere Verläufe aufweisen. Es ist davon auszugehen, dass der beschriebene Reinigungseffekt durch die Schmelze bei kurzen Prozesszeiten sowie hohen Schmelzevolumina am höchsten ist und das Versagensverhalten entsprechend positiv beeinflusst. Zusätzlich ist die Bildung kupferreicher Phasen durch die kurzen Prozesszeiten signifikant reduziert.

Ein spröder Verbindungsanteil durch den Restsaum im Verdrängungsbereich ist trotzdem nicht auszuschließen und zeigt sich im Versagensverhalten kleiner Verbindungsquerschnitte. Ebenso muss berücksichtigt werden, dass sich die Duktilität der Verbindungen wie in 5.1.2 aufgrund der hohen Kontaktfläche und der resultierenden Verformung des Aluminiumblechs ergibt.

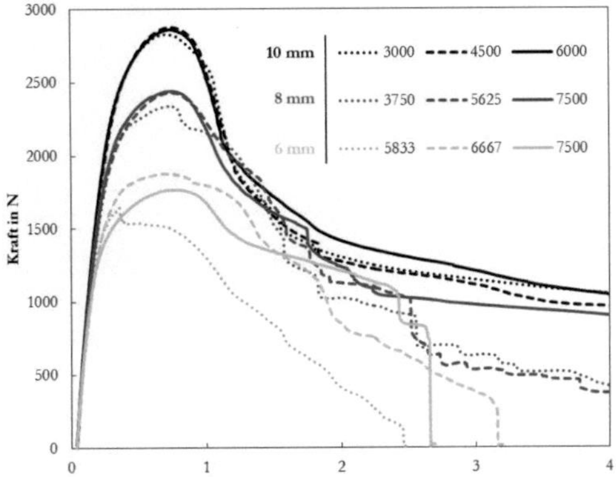

Abbildung 106: Kraft-Weg-Verläufe der Zugversuche

Darüber hinaus wurden an den in Abbildung 90 analysierten Schmelzebereichen Mikrohärtemessungen durchgeführt. Hierbei ergibt sich, wie in Abbildung 107 dargestellt, ein Bereich der Werte zwischen etwa 200 und maximal 350 HV 0,01, während sich die Mittelwerte bei steigender Drehzahl leicht von 273 HV 0,01 auf 287 HV 0,01 erhöhen. Es ist demnach kein signifikanter Unterschied auf Basis der verschiedenen Prozessbedingungen zu erkennen. Messwerte in der Nähe des Kupfergrundwerkstoffs zeigen jedoch einzelne Werte über 320 HV 0,01, die denen von Al_2Cu entsprechen.

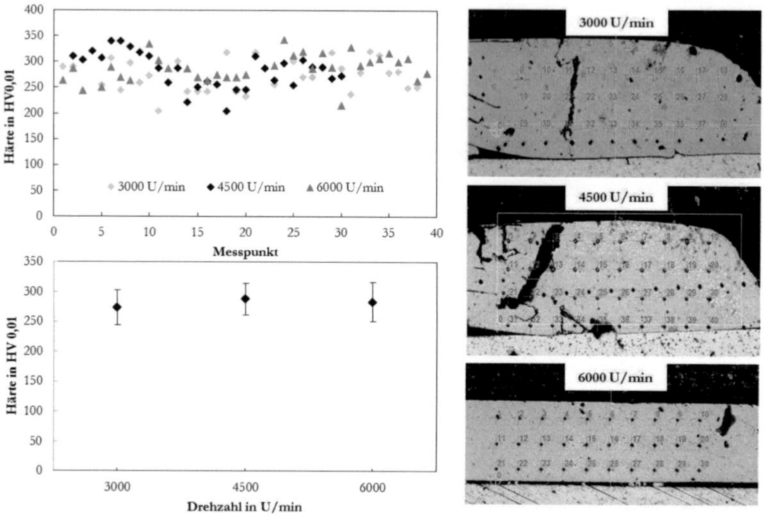

Abbildung 107: Mikrohärtemessung im Außenbereich (F = 5 kN; s = 0,2 mm; Ø = 10 mm)

Vergleichbare Werte sind bei Messungen an der Grenzfläche im Verdrängungsbereich bei 4.500 U/min zu erkennen (Abbildung 108). Auch hier weisen kupfernahe Bereiche, mit wie zuvor in REM-Aufnahmen erkennbar hohem Al_2Cu-Gehalt, Werte zwischen 300 und 350 HV 0,01 auf.

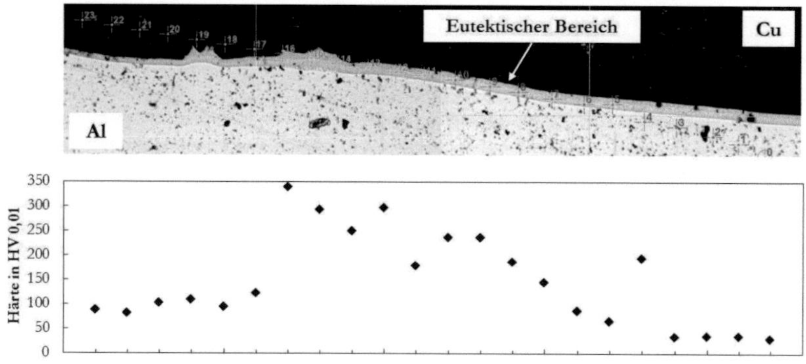

Abbildung 108: Mikrohärtemessung an der Grenzfläche (n = 6.000 U/min; F = 5 kN; s = 0,2 mm; Ø = 10 mm)

Zusammenfassend kann für die kraftgeregelte Verfahrensvariante festgehalten werden, dass es aufgrund des Eintauchprozesses wie bereits in den REM-Aufnahmen zu annähernd gleichen Grenzflächenzuständen im Randbereich der Fügezone kommt, sodass die entstehenden Zusammensetzungen im statischen Belastungsfall nicht versagensrelevant sind. Stattdessen hängen die Festigkeit der Verbindung und das Versagensverhalten von dem zu erzielenden Punktdurchmesser ab, wobei es tendenziell bei einer Reibzeit von weniger als 1 s zu gleichmäßigeren Kraft-Weg-Verläufen bei gleichzeitig erhöhtem Schmelzeaustrieb kommt.

5.2.6 Zusammenfassung

Durch den Einsatz des kraftgeregelten, reibbasierten Fügeprozesses konnte die Nutzung der eutektischen Reaktion für die Verbindungsbildung erstmals anwendungsnah vorgestellt werden. Zum einen wurde durch die Abhängigkeit der resultierenden Eintauchgeschwindigkeit von der Fließspannung unterhalb des Werkzeugs die makroskopische Initialverformung der Grenzfläche minimiert. In der Anfangsphase des Prozesses bei $T < T_E$ ist eine Verformung der Fügepartner zu vermeiden, damit es nicht zu einem Ablösen des Blechs kommt. Durch die Kraftregelung kommt es während der Aufheizphase lediglich zu einer Übertragung des Anpressdrucks an die Fügefläche, sodass initiale Kontaktpunkte zwischen Aluminium und Kupfer entstehen können. Darüber hinaus besteht ein konstanter Materialwiderstand an der Kontaktfläche zum Werkzeug, sodass durch hohe Drehzahlen in kürzester Zeit Temperaturen > 500 °C an der Grenzfläche erreicht werden können. Käme es zu einer Verformung der Fügepartner vor der eutektischen Reaktion, könnte diese Aufheizphase nicht so reproduzierbar und skalierbar, wie in den Ergebnissen dargestellt, eingestellt werden. Zum anderen konnte die Prozesszeit bei Erhöhung der Drehzahl bis auf weniger als 0,5 s verkürzt werden, gleichzeitig wurden jedoch zunehmende Spitzentemperaturen oberhalb der eutektischen Temperaturen festgestellt. Es ist festzuhalten, dass sich diese beiden Effekte gegenseitig bedingen. Einerseits weist der Eintauchprozess eine gewisse Trägheit auf, wodurch es bei hohen Aufheizraten zu einem kurzzeitigen Überschreiten der eutektischen Temperatur vor und während des Eintauchprozesses kommt. Andererseits führt die Überhöhung der Temperatur zu einer erhöhten Schmelzebildung aus dem Zweiphasengebiet, wodurch die hinreichende

Schmelzefilmbildung innerhalb der stark verkürzten Prozesszeit ermöglicht wird.

Durch das kraftgeregelte Nachsetzen des Werkzeugs nach Bildung des Schmelzefilms ergeben sich weitere Vorteile. So ist zum einen eine Erkennung der Schmelzebildung durch die Veränderung des Materialwiderstands, zum Beispiel in Form einer Kraftunstetigkeit innerhalb der Messfrequenz, möglich. Zum anderen kann ein optimiertes Verdrängen der Schmelze mit verringerter Bauteilverformung erfolgen.

Für die mechanischen Eigenschaften der Verbindungen sind verschiedene Einflussfaktoren zu berücksichtigen. Zum einen kommt bei hohen Schichtdicken oder mangelnder Schmelzeverdrängung zur Bildung weiterer kupferreicher Phasen außerhalb der eutektischen Zusammensetzung. Diese können versagensrelevant sein, weshalb die erhöhte Abkühlung der Fügezone durch den Austrieb der Schmelze direkt nach deren Bildung zu bevorzugen ist. Darüber hinaus konnten für möglichst kurze Prozesszeiten tendenziell aluminiumreichere Zusammensetzungen in den Schmelzedepots sowie Bruchbilder mit maximalen Ausknöpfanteilen beobachtet werden. Jedoch steigt mit dem Aluminiumanteil der Schmelze die Porenbildung während der Erstarrung. Die verfügbare Querschnittsfläche ist entsprechend reduziert. Es konnten jedoch keine negativen Effekte auf die Verbindungsfestigkeit festgestellt werden. Zum anderen kommt es durch den Austrieb von möglichst großem Schmelzevolumen zu einem optimierten Abtransport von Verunreinigungen und Oxidresten. Es wird postuliert, dass hierin neben der hohen Abkühlrate durch die Schmelzeverdrängung einer der Haupteffekte für die Verbesserung des Versagensverhaltens mit zunehmendem Austrieb zu sehen ist. Ein weiterer Effekt ist, dass bei geringer Prozesszeit, trotz einer temporären Überschreitung der eutektischen Temperaturen auf bis zu 590 °C, ein geringer Energieeintrag von weniger als 2.000 J eingebracht wird. Dieser liegt circa 30 % unterhalb der Energie, die für eine Ultraschallschweißung in ähnlicher Anordnung [PET19] benötigt wird. Diese Kombination führt dazu, dass die Bildung weiterer intermetallischer Phasen über Al_2Cu hinaus begrenzt wird, da die entsprechenden Aktivierungsenergien oder Temperaturen nicht erreicht werden.

Ein Verbleib der Schmelze zwischen den festen Fügepartnern wird für die Verbindungseigenschaften als nicht zielführend angesehen. Zwar kommt es zu einer Trennkrafterhöhung durch die schmelzebedingte Vergrößerung der Kontaktfläche, jedoch bildet sich kein definierter Verdrängungsbereich, der frei von Poren, Rissen und Resten der ursprünglichen Grenzfläche ist. Darüber hinaus existiert ein fließender Übergang zu Grenzflächenstrukturen mit weiteren kupferreichen Phasen und einem zunehmend spröden Versagensverhalten, während die eutektische Struktur selbst ebenfalls zu sprödem Versagen neigt.

5.3 Verallgemeinerung

Abbildung 109 stellt die Abläufe während des eutektischen Fügens schematisch dar. Während des Initialkontakts kommt es zu einem Kontakt der Rauheitsspitzen, lokalem Aufbrechen der Oxidschichten und Festphasendiffusion über die Grenzfläche.

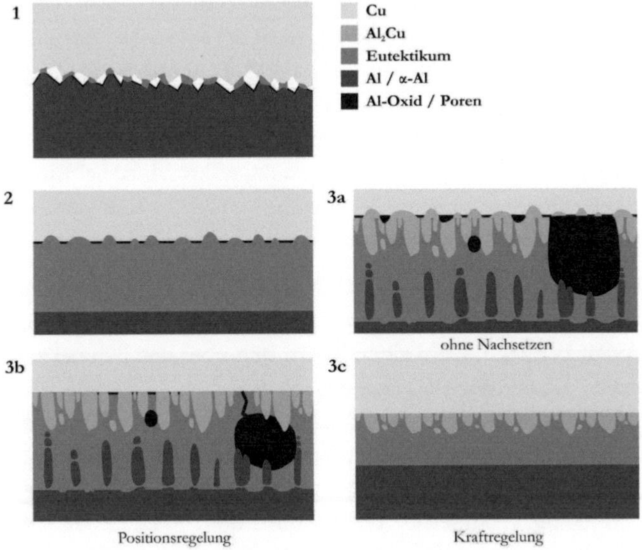

Abbildung 109: Ablauf des eutektischen Fügeprozesses: 1) Schmelzebildung an Initialkontakten der Oberfläche; 2) Schmelzeausdehnung; 3a–c) Erstarrung unter verschiedenen Umformungsbedingungen

Durch den reibbasierten Wärmeeintrag kommt es an den Kontaktpunkten bei Erreichen der eutektischen Temperatur zu lokaler Schmelzebildung. Die Erhöhung der Diffusionsgeschwindigkeit in der Flüssigphase führt zu einer raschen Erhöhung des Schmelzevolumens und einer Benetzung der gesamten Fügefläche. Die anschließende Erstarrungsmorphologie hängt vom konkreten Prozessverlauf ab.

Während des kraftgeregelten Prozesses wird die Schmelze nach Erreichen der Mindestschichtdicke durch Nachsetzen des weiterhin rotierenden Werkzeugs verdrängt. Hierbei werden Oxidreste durch den Materialfluss zwischen den Fügepartnern nach außen transportiert und die Grenzfläche eingeebnet, weshalb halbkreisförmige Ausstülpungen in den Kupfergrundwerkstoff nur bei Proben ohne positions- oder kraftgeregelten Eintauchprozess beobachtet werden können. Ferner beeinträchtigt der Wechsel aus Schmelzeverdrängung und -neubildung (aufgrund des kontinuierlichen Energieeintrags) das Dendritenwachstum in der Fügezone, ebenso wie die erhöhte Abkühlgeschwindigkeit durch das Verdrängen der Schmelze. Resultierend bildet sich durch den kraftgeregelten Prozess im Außenbereich der Fügezone eine wenige Mikrometer dicke, porenfreie Schicht bestehend aus eutektischer Zusammensetzung und Al_2Cu-Dendriten. Dieser Bereich ist maximalem Materialfluss in die Schmelzedepots ausgesetzt, während die Schicht in der Mitte der Fügezone einen geringeren Materialfluss aufweist und dementsprechend Proben ohne Nachsetzprozess ähnelt.

Die Mikrostruktur in den verschiedenen Bereichen der Fügezone entsteht nach der eutektischen Reaktion und Schmelzebildung durch eine Überlagerung aus verschiedenen Effekten. Zum einen bilden sich über den Schmelzefilm hinweg verschiedene Zusammensetzungen. Von den Übergängen in die Grundwerkstoffe diffundieren kontinuierlich Atome in die Schmelze, sodass sich kupfer- und aluminiumreiche Zusammensetzungen am Rand der Schmelze bilden. Diese erstarren entsprechend in hyper- und hypoeutektischer Zusammensetzung, während die Mitte der Schicht in eutektischer Zusammensetzung erstarrt. Zum anderen werden die Erstarrungsvorgänge stark durch die lokal unterschiedlichen Temperatur-Zeit-Regime aufgrund der in Abbildung 110 schematisch dargestellten Wärmeleitung in die Vorrichtung überlagert. Dies ist unter anderem durch eine Verschiebung des Joint Line Remnants (JLR) hin zum Kupfergrundwerkstoff zu erkennen.

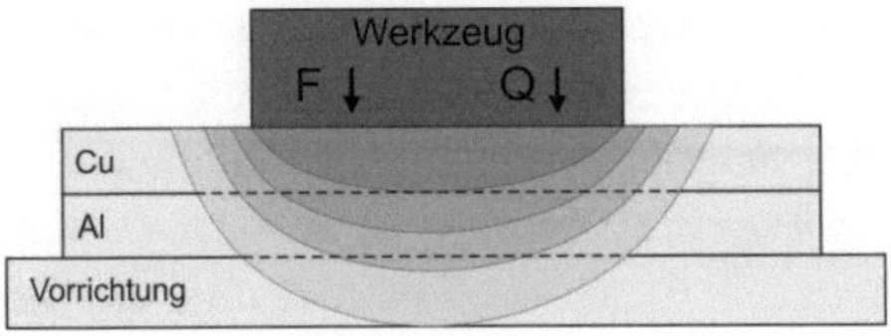

Abbildung 110: Schematische Darstellung der Isothermen im Fügebereich

Um die eutektische Reaktion im Zweistoffsystem Aluminium-Kupfer optimal für die Bildung einer übergangsarmen Verbindung zu nutzen, können folgende Zusammenhänge zusammengefasst werden (vgl. Abbildung 111):

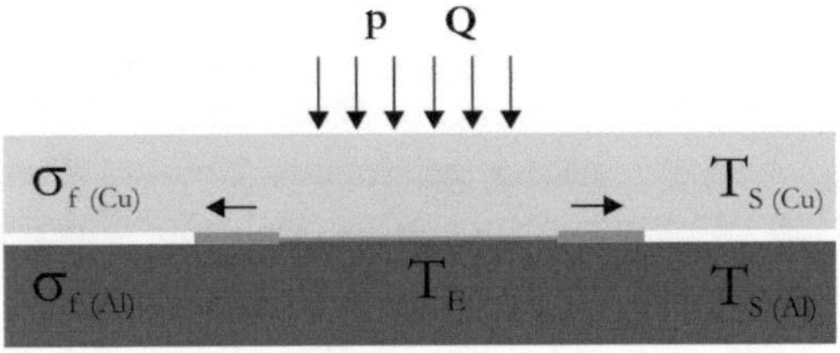

Abbildung 111: Schematische Zusammenhänge des Fügeprozesses

- Für den stoffschlüssigen Initialkontakt ist ein lokaler Fügedruck notwendig, um die Oxidschichten an der Grenzfläche aufzubrechen und die Grundwerkstoffe auf Atomebene einander anzunähern.
- Die kupferseitige Einleitung der Wärme ist notwendig, um die eutektische Temperatur $T_E < T_{S\,(Cu,\,Al)}$ zu erreichen, ohne den Aluminiumwerkstoff zu stark zu plastifizieren oder aufzuschmelzen. Würde die umgekehrte Fügepartneranordnung gewählt werden, kommt es beispielsweise statt einer Übertragung der Verformung über die ganze Blechdicke zu einer starken Gratbildung durch lokale Umformung des Aluminiums.
- Eine Plastifizierung oder großvolumige Erwärmung des Kupferwerkstoffs wie beim klassischen Rührreibschweißen ist nicht notwendig. Die Temperatur muss für das Auslösen der eutektischen Schmelzebildung lediglich an der Grenzfläche erreicht werden. Während des Erwärmungsprozesses sollte der Fügedruck unterhalb der

temperaturabhängigen Fließspannung der Grundwerkstoffe σ_F liegen, um eine vorzeitige Verformung zu begrenzen.

- Je geringer die Makroverformung der Fügepartner, desto effektiver können der reibbasierte Wärmeeintrag und der kraftgeregelte Schmelzeaustrieb erfolgen. Um die Schmelze effektiv zu verdrängen, muss wie für den Initialkontakt ein Fügedruck vorliegen, der jedoch nicht zu einer lokalen Umformung führt. Die Fügepartner müssen über die Blechdicke formstabil genug bleiben, um den Fügedruck zur Grenzfläche zu übertragen. Auf diese Weise wird gewährleistet, dass der Setzweg erst ab Bildung einer Mindestschmelzeschicht beginnt und nicht bereits vorher eine Verformung stattfindet. Bei Letzterem können sich bildende Depots eingeschlossen werden, sodass der Austrieb behindert wird.

Eine Optimierung des Ansatzes kann erreicht werden, wenn der Wärmeeintrag noch lokaler und somit direkt an der Grenzfläche erfolgt. So kann der Fügedruck über den vergleichsweise gering erwärmten Kupferwerkstoff unmittelbar übertragen werden. Es ist davon auszugehen, dass eine Widerstandserwärmung der Grenzfläche hierfür die besten Randbedingungen bietet.

Abbildung 112 zeigt eine schematische Einordnung des Prozesses in das Temperatur-Zeit-Regime für das stoffschlüssige Fügen von Aluminium-Kupfer. Auf Basis der Parallelen zu dem durch Roos [ROO10] entwickelten HFDB wird der Ansatz im Folgenden als „Hybrid Friction Eutectic Bonding“, HFEB benannt.

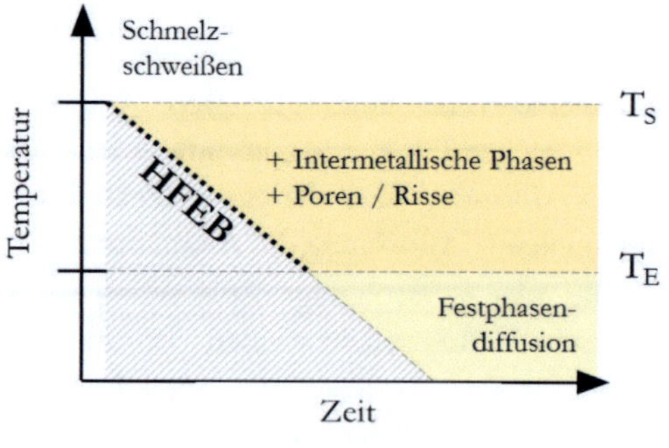

Abbildung 112: Schematische Einordnung des HFEB

Prinzipiell zeichnet sich der Prozess durch die Nutzung des Temperaturbereichs zwischen eutektischer Temperatur und Schmelztemperatur von Aluminium aus, in dem es zur Bildung einer Schmelze zwischen zwei festen Grundwerkstoffen kommt. Als zweiter Aspekt findet der Prozess in einem Zeitbereich statt, der für die gleiche stoffschlüssige Kontaktfläche ohne hohe Umformung durch Festphasenfügeprozesse nicht erschlossen werden kann.

Innerhalb des Temperaturbereichs des HFEB selbst kann eine Verkürzung der Prozesszeiten durch eine Erhöhung der Temperatur über den eutektischen Punkt hinaus erfolgen. Hierbei kommt es zu einer Erhöhung des sich bildenden Schmelzevolumens durch eine Erhöhung des Aluminiumschmelzeanteils aus dem Zweiphasengebiet. Diese weitere Zeitverringerung ist einerseits technologisch vorteilhaft und muss andererseits genutzt werden, damit es nicht zur Bildung weiterer intermetallischer Phasen, wie beispielsweise beim Laserlöten, kommt. Gleichzeitig muss bei einer Erhöhung der Temperatur über den eutektischen Punkt hinaus die steigende Neigung zu Porenbildung aufgrund des erhöhten Aluminiumanteils berücksichtigt werden. Zusammenfassend kann HFEB bei mittlerer Prozesszeit (> 1 s abhängig von dem Fügepunktdurchmesser) im Bereich der eutektischen Temperatur und innerhalb kurzer Prozesszeit durch Überschreiten der eutektischen Temperatur umgesetzt werden, wobei für Letzteres die Zunahme schmelzschweißtechnischer Herausforderungen zu berücksichtigen ist.

6 Zusammenfassung und Ausblick

Aus dem Stand der Technik gehen verschiedene Ansätze für das stoffschlüssige Fügen von Aluminium und Kupfer hervor. Idealisiertes Ziel für elektrische Anwendungen ist eine großflächige Fügezone mit geringer makroskopischer Verformung und mit einem nur wenige Mikrometer breiten Diffusionsbereich. Dies kann über Festphasenfügeverfahren theoretisch erreicht werden, jedoch wird durch die Kontaktbedingungen von technischen Oberflächen und den Verbleib von Oxidschichten in der Fügezone in der Regel kein vollflächig stoffschlüssiger Verbund erzielt. Durch Aufschmelzen eines oder beider Grundwerkstoffe kann ein großflächiger Kontakt erzielt werden, jedoch zulasten der mechanischen und elektrischen Eigenschaften aufgrund von verstärkter Bildung intermetallischer Phasen. Ansätze zur Verringerung der Phasenbildung durch einen reduzierten Energieeintrag zeigen nur bedingt oder für kleine Verbindungsquerschnitte Erfolg. Hingegen gelingt es teilweise nur durch berührungslose Schmelzschweißverfahren wie Laserstrahlschweißen, kleinste Fügegeometrien, zum Beispiel im Batteriebereich, zu realisieren. Die Anwendung von Pressschweißverfahren ist bei empfindlichen, dünnwandigen oder kleinflächigen Fügegeometrien oftmals eingeschränkt. Entsprechend relevant ist vor dem Hintergrund der zunehmenden Elektrifizierung die Weiterentwicklung energiereduzierter Schmelzschweiß- und Pressschweißverfahren mit verringerter Bauteil-verformung.

In der vorliegenden Arbeit wurde die eutektische Reaktion im Zweistoffsystem Aluminium-Kupfer genutzt, um die Vorteile beider Verfahrensgruppen zu kombinieren. Während Initialkontakt und Wärmeeintrag reibbasiert erzielt werden, findet die vollflächige Anbindung der Fügezone über die Bildung und Ausdehnung einer Schmelze zwischen den festen Fügepartnern statt. Die Minimierung des resultierenden Übergangsbereichs erfolgt wiederum durch ein Verdrängen der Schmelze durch den Fügedruck. Somit können potenzielle Herausforderungen durch die mechanisch nachteiligen Eigenschaften der Erstarrungsstrukturen in der Grenzfläche begrenzt werden. Die entstehende Struktur der Fügezone ist in Abbildung 113 dargestellt und kann bei kraftgeregelter Prozessführung in drei charakteristische Bereiche unterteilt werden. Die Größe der Fügezone wird durch den Werkzeugdurchmesser bestimmt. Am Rand dieser Fügezone befindet sich bei durch Kraftregelung gefügten Proben ein Verdrängungsbereich, aus dem während des Nachsetzprozesses ein Großteil der Schmelze in die angrenzenden Schmelzedepots transportiert wird. Nach dem positionsgeregelten Prozess sind, wie in Abbildung 114 zu erkennen, keine Verdrängungsbereiche zu erkennen. Stattdessen formt sich nach der Verweilzeit eine durchgängige Schmelzeschicht über die Grenzfläche, da es nicht zu weiterer Umformung der Fügezone kommt. Mit erhöhter Umformung können Depots und Verdrängungsbereiche geformt werden, hierfür sind jedoch Blechdicken oder Eintauchtiefen >2 mm notwendig, was dem Ziel einer reduzierten Bauteilverformung widerspricht.

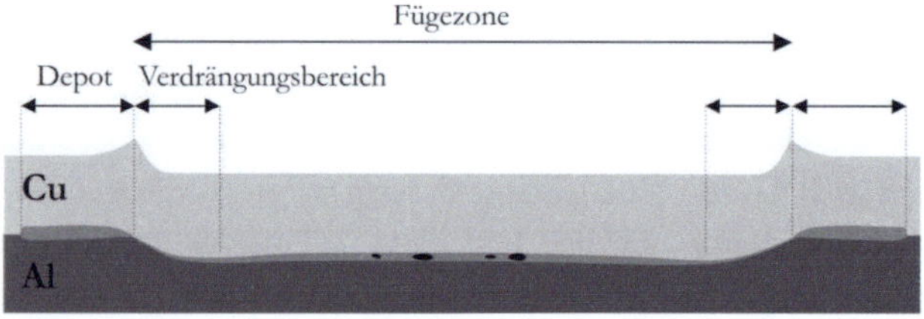

Abbildung 113: Schematische Darstellung der Fügezone

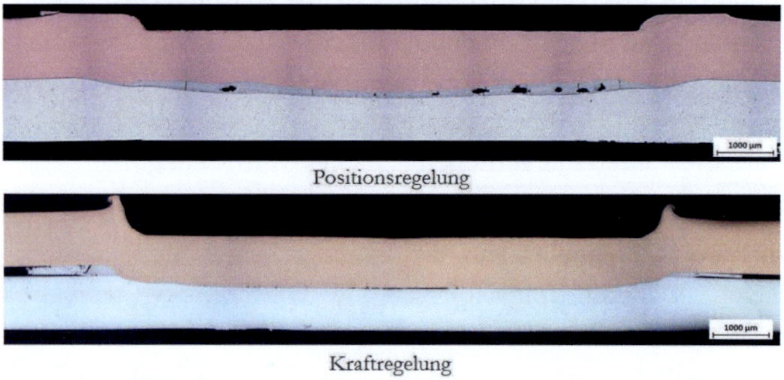

Abbildung 114: Vergleich exemplarischer Fügezonen mit Positions- und Kraftregelung

Für weiterführende Untersuchungen lässt sich festhalten, dass für die Nutzung der eutektischen Reaktion mit dem Ziel einer optimierten Verbindungsbildung zwei wesentliche Randbedingungen zu beachten sind.

1. Fügedruck: Die Annäherung der Fügepartner auf Atomebene und das lokale Aufbrechen der Grenzflächen werden durch Mikroumformung der Rauheitsspitzen beider Oberflächen erzielt. Eine makroskopische Umformung kann lediglich bei komplexen Bauteilgeometrien erforderlich sein. Die Verdrängung der Schmelze aus der Fügezone erfolgt ebenfalls über den Anpressdruck. Durch die Erkennbarkeit der Schmelzebildung durch die Kraftregelung können Umschaltkriterien definiert werden, um die Schmelze noch effektiver aus der Grenzfläche zu verdrängen und die Restdicke des Diffusionsbereichs zu minimieren. Der Fügedruck kann darüber hinaus ebenso von der Energiequelle separat eingebracht werden.
2. Energieeintrag: Die Art der Energiequelle ist so zu wählen, dass in der Fügezone innerhalb möglichst kurzer Zeit die eutektische Temperatur erreicht werden kann. Auch ohne reibbasierten Wärmeeintrag sind vergleichbare Ergebnisse zu erwarten. Insbesondere für empfindlichere Bauteile oder Blechdicken < 0,5 mm sind Verfahren zu wählen, die keine Relativbewegung zwischen Werkzeug und Werkstück erfordern. Des Weiteren ist ein kupferseitiger Energieeintrag zu wählen. Der Aluminiumgrundwerkstoff weist bei Temperaturen > 550 °C eine starke Reduzierung der Fließspannung auf, sodass die Vorteile der Kraftregelung und Erkennung der Schmelzebildung nicht genutzt werden können, da es zu starker plastischer Bauteilverformung kommt.

Unter optimierter Nutzung der Kraftunregelmäßigkeiten sowie Auslegung der Fügegeometrien ist davon auszugehen, dass eine weitere Verringerung der Restschichtdicke sowie eine Reduzierung von Poren an der Grenzfläche möglich sind. Ziel für die Optimierung der Verbindungsgüte sollte ein vollständiges Verdrängen der Schmelze zumindest aus definierten Bereichen der Fügezone sein, um einen blanken Metallkontakt zu erreichen. Erste Untersuchungen an durch einseitig konduktive Erwärmung gefügten Blechen konnten dies, wie in Abbildung 115 dargestellt, bestätigen. Durch die noch lokalisiertere Erwärmung der Grenzfläche im Vergleich zum FSSW konnte der Schmelzeaustrieb in den Außenbereichen weiter optimiert werden. So ist im Verdrängungsbereich auch bei 6.000-facher Vergrößerung kein Restsaum erkennbar. Gründe hierfür sind der verringerte Wärmeeintrag in das gut leitfähige Kupfer sowie eine erhöhte Widerstandserwärmung am Werkstoffübergang, was nahezu dem Idealzustand entspricht, nur die Grenzfläche zu erwärmen. Zusätzlich bietet das Verfahren

Vorteile für dünne Blechverbindungen sowie kleinere Kontaktflächen, da keine Rotation zwischen Werkzeug und Werkstück stattfindet.

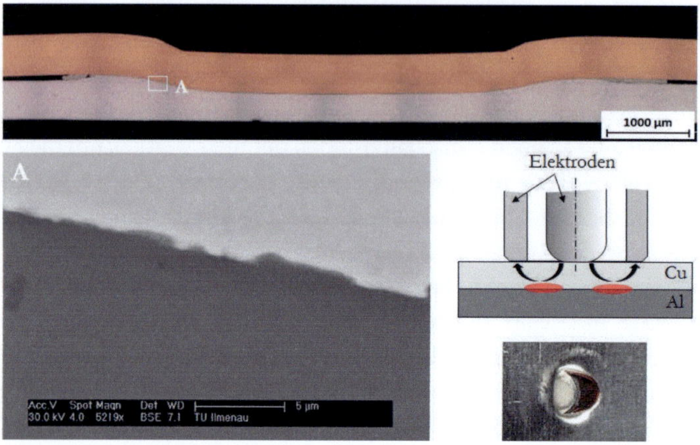

Abbildung 115: Fügezone und Bruchbild von einseitig konduktiv gefügten 0,5-mm-Blechen (F = 4 kN; I = 18,6 kA; t = 0,4 s)

Ein weiterer Übertrag der Erkenntnisse konnte wie in Abbildung 116 durch die stirnseitige Verbindung von 59 mm² Aluminiumlitzen und Kupferkappen erzielt werden. Hierfür wurden Kupferkappen mit einem Durchmesser von 14 mm zunächst gecrimpt, um die Litze zu fixieren. Anschließend wurde die Stirnseite mit einem mehrstufigen Werkzeug so weit verformt, bis es zu einem Kontakt der Einzeldrähte mit dem Kappenboden kam. Die bei hinreichender Umformung und Erwärmung des Kupfers entstehende Schmelze führt zu einer Benetzung der Litzenstirnseite. Hierbei werden eine vollflächige stirnseitige Anbindung sowie eine partielle seitliche Anbindung erreicht. Im Vergleich zu beispielsweise kompaktierten Ultraschallschweißungen ist somit jeder Einzeldraht direkt mit dem Kupferkontaktteil verbunden, und die Stromübertragung findet nicht über zahlreiche Oxidschichtübergänge hinweg statt. In der Detailansicht ist jedoch zu erkennen, dass sich zwischen den Grundwerkstoffen aufgrund des positionsgeregelten Prozesses eine breite Übergangsschicht bildet. Diese zeigt einerseits große Bereiche hypereutektischer Erstarrung mit zahlreichen Al_2Cu-Ausscheidungen und andererseits weitere kupferreiche Phasensäume. Es ist davon auszugehen, dass durch die massive Umformung kein gleichmäßiges Erreichen der eutektischen Temperatur stattfindet beziehungsweise die Bildung weiterer Phasensäume durch die lokale Umformung begünstigt wird. Weitere Optimierungsmöglichkeiten sind in diesem Fall ebenfalls im Einsatz eines kraftgeregelten Prozesses zu sehen. Im Gegensatz zu Blechverbindungen muss jedoch eine initiale Verformung stattfinden, um alle Einzeldrähte in Kontakt mit der Kupferoberfläche zu bringen, da das Litzenende durch den Schneidprozess keine ebene Stirnseite aufweist. Insgesamt zeigt sich jedoch ein Vorteil der großen Anbindungsfläche gegenüber vergleichbaren Verfahren, da die mechanischen Feldlasten des Produkts vergleichsweise gering sind. Darüber hinaus kann über die Crimpung und die Schweißung eine Aufteilung in mechanischen und elektrischen Kontakt abgebildet werden.

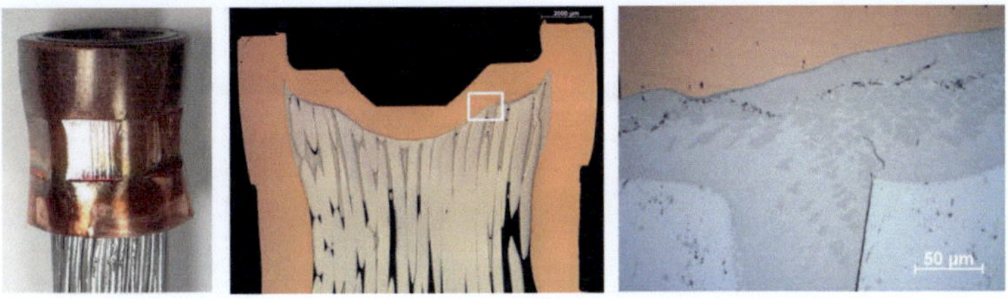

Abbildung 116: Stirnseitige Litze-Ableiter-Verbindung

Zusammenfassend sind für die Weiterentwicklung des Verfahrens zahlreiche Varianten wie die Verbindung von Aluminium mit Kupferhülsen, -pins oder Litzen und umgekehrt denkbar. Vor dem Hintergrund der zunehmenden Elektrifizierung spielt besonders die Verringerung des Kontaktwiderstands durch die Erhöhung der Kontaktfläche eine zentrale Funktion, die durch das eutektische Fügen abgebildet werden kann. Darüber hinaus kann durch die Reinigungswirkung der verdrängten Schmelze eine verringerte Sensitivität des Prozesses gegenüber Oberflächeneinflüssen und Chargenschwankungen erreicht werden. Besonders im Vergleich zu marktbegleitenden Verfahren wie Ultraschallschweißen oder im Hinblick auf die Herausforderungen beim Fügen von Reinaluminium sind signifikante Vorteile zu erwarten.

Literatur

[ABB01] Abbasi, M.; Karimi Taheri, A; Salehi, M. T.: Growth rate of intermetallic compounds in Al/Cu bimetal produced by cold roll welding process, Journal of Alloys and Compounds, Vol. 319, (2001), 233–241

[AKB12] Akbari, M.; Behnagh, R. A.; Dadvand, A.: Effect of materials position on friction stir lap welding of Al to Cu, Science and Technology of Welding and Joining, Vol. 17, No. 7, (2012), 581–588

[AKS10] Aksöz, S.; Ocak, Y.; Marasli, N.; Çadirli, E.; Kaya, H. Böyük, U.: Dependency of the thermal and electrical conductivity on the temperature and composition of Cu in the Al based Al-Cu alloys, Experimental Thermal and Fluid Science, Vol. 34, (2010), 1507–1516

[ALT13] Altenpohl, D.: Aluminium und Aluminiumlegierungen, Band 19 von Reine und angewandte Metallkunde in Einzeldarstellungen, Springer Verlag, ISBN: 3662302454, (2013)

[AMC20] https://amco-metall.de/unternehmen/download/technische-datenblaetter/en-aw-1050a/ (2020)

[AUT00] Auto Kabel Managementgesellschaft mbH: Verbindung eines elektrischen Aluminiumkabels mit einem aus Kupfer oder dergleichen Metall bestehenden Anschlussteil, EP1032077 B1, Erfinder: Lietz, F. J., (2000)

[AUT10] Auto Kabel Managementgesellschaft mbH: Verbindung von elektrischen Kabeln, EP 1 844 532 B1, Erfinder: Mertel, A., (2010)

[AUT13] Auto Kabel Managementgesellschaft mbH: Anschlussteil und Verbindung für elektrische Anlagen, DE 102011011409 B4, Erfinder: Hentschel, W. (2013)

[BAB18] Babiel, G.: Bordnetze und Powermanagement: Thermische Modellbildung für elektrische und elektronische Bauelemente, Springer Verlag, ISBN: 3658211431, (2018)

[BAK11] Bakavos, D.; Chen, Y.; Babout, L.; Prangnell, P.: Material Interactions in a Novel Pinless Tool Approach to Friction Stir Spot Welding Thin Aluminum Sheet, Metallurgical and Materials Transactions A, Vol. 42 A, (2011), 1266–1288

[BAR12] Bargel, H.; Schulze, G.: Werkstoffkunde, Auflage 11, Springer Verlag Berlin Heidelberg, (2012)

[BAY19] https://www.bayern-innovativ.de/veranstaltung/bordnetze (2019)

[BER15] Bergmann, J. P.; Schürer, R.; Regensburg, A.; Weigl, M.; Döhner, J.: Robotergestütztes Rührreibschweißen als flexible Lösung in der modernen Fertigung, DVS Congress, Nürnberg, (2015)

[BHA12] Bhamji, I.; Moat, R. J.; Preuss, M.; Threadgrill, P. L.; Addison, A. C.; Peel, M. J.: Linear friction welding of aluminium to copper, Science and Technology of Welding and Joining, Vol. 17, No. 4; (2012), 314–320

[BIS13] Bisadi, H.; Tavakoli, A.; Sangsaraki, M. T.; Sangsaraki, K. T.: The influences of rotational and welding speeds on microstructures and mechanical properties of friction stir welded Al5083 and commercially pure copper sheets lap joints, Materials and Design, Vol. 43, (2013), 80–88

[BRA94] Braunovic M.; Aleksandrov N.: Intermetallic Compounds at Aluminum-to-Copper Electrical Interfaces: Effect of Temperature and Electric Current, IEEE Transactions on Components, Packaging, and Manufacturing Technology: Part A, Vol. 17, (1994), 78–85

[CAI16] Cai, Z. P.; Cao, B. Q.; Lin, Q.; Chen, J. H.: Microstructure and properties of aluminum AA6061-T6 to copper (Cu)-T2 joints by cold metal transfer joining technology, Journal of Materials Research, Vol. 31, Issue 18, 2876–2887

[CAL88] Calvo, F. A.; Ureña, A.; Gomez de Salazar, J. M.; Molleda, F.: Special features of the formation of the diffusion bonded joints between copper and aluminium, Journal of Materials Science, Vol. 23, (1988), 2273–2280

[CAM03] Campbell, J.: Castings, Second Edition, Butterworth-Heinemann, ISBN: 9780750647908, (2004)

[CHE06] Chen, C.-Y.; Chen, H.-L.; Hwang, W. S.: Influence of Interfacial Structure Development on the Fracture Mechanism and Bond Strength of Aluminum/Copper Bimetal Plate, Materials Transactions, Vol. 47, (2006), 1232–1239

[CHE14] Chen, K.; Meng, W. J.; Eastman, J. A.: Interface Development in Cu-Based Structures Transient Liquid Phase (TLP) Bonded with Thin Al Foil Intermediate Layers, Metallurgical and Materials Transactions A, Vol. 45, Issue 9, (2014), 3892–3906

[CLA15] Clarke, A. J.; Tourret, D.; Imhoff, S. D.; Gibbs, P. J.; Fezzaa, K.; Cooley, J. C.; Lee, W.; Deriy, A.; Patterson, B. M.; Papin, P. A.; Clarke, K. D.; Field, R.; Smith, J. L.: X-ray Imaging and Controlled Solidification of Al-Cu Alloys Toward Microstructures by Design, Advanced Engineering Materials 2015, Vol. 17, No. 4, (2015), 454–459

[CLO13] Clopet, C. R.; Cochrane, R. F.; Mullis, A. M.: The origin of anomalous eutectic structures in undercooled Ag-Cu alloy, Acta Materialia, 61, (2013), 6894–6902

[COO11] Cook, G.-O.; Sorensen, C.-D.: Overview of transient liquid phase and partial transient liquid phase bonding, Journal of Material Science, Vol. 46, (2011), 5305–5323

[COP20] https://copperalliance.de/kupferwerkstoffe/kupfer-und-kupferlegierungen/eigenschaften/, (2020)

[COX14] Cox, C. D.; Aguilar, J. R.; Ballun, M. C.; Strauss, A. M.; Cook, G. E.; The application of a pinless tool in friction stir spot welding: an experimental and numerical study, Journal of Automobile Engineering, Vol. 228, (2014), 1359–1370

[DAN16] Dantzig, J. A; Rappaz, M.: Solidification, 2nd Edition – Revised & Expanded, EPFL Press, ISBN 9782940222971, (2016)

[DIV08] Divandari, M.; Campbell, J.: A new technique for the study of aluminum oxide films, Aluminium Transactions, Vol. 2, (2000), 234–238

[DKI19] Deutsches Kupferinstitut: Werkstoff Datenblätter – Cu ETP, https://www.kupferinstitut.de/ (2019)

[DOE10] Doege, E.; Behrens, B. A.: Handbuch Umformtechnik – Grundlagen, Technologien, Maschinen, Springer-Verlag Berlin, (2010)

[ENJ79] Enjo, T.; Ikeuchi, K.; Akikawa, N.: Diffusion Welding of Copper to Aluminum, Transactions of JWRI, Vol. 8, (1979), 77–84

[ELR05] Elrefaey, A.; Takahashi, M.; Ikeuchi, K.: Preliminary Investigation of Friction Stir Welding Aluminium/Copper Lap Joints, Welding in the World, Vol. 49, Issue 3–4, (2005), 93–101

[ERN14] Ernst, M.; Heuermann, M.: Die wichtigsten Bordnetz-Trends, Elektronik Automotive, Sonderausgabe Bordnetz, (2014)

[ESS15] Essers, M.; Schiebahn, A.; Reisgen, U.: Widerstandsbuckelschweißen von Al-Cu-Mischverbindungen zur Generierung elektrischer Kontaktierungen, DVS Congress, (2015), 361–367

[ESS17] Essers, M; Geffers, C.; Reisgen, U: Reibschweißverbinder – Stoffschlüssige Verbindungstechnologie für leichtbauoptimierte Bordnetzlösungen, DVS Congress, (2017), 356–361

[FAE16] Faes, K.; Kwee, I.: Electromagnetic Pulse Welded Aluminium to Copper Sheet Joints: Morphological and Mechanical Characterization, Proceedings of the 7th International Conference on High Speed Forming, (2016), 299–308

[FEL10] Felberbaum, M.: Porosity in Aluminum Alloys: Visualization, Characterization, and Modeling, École Polytechnique Fédérale de Lausanne, (2010)

[FEN15] Feng, J.; Liu, Y.; Sun, Q.; Liu, J.; Wu, L.: Microstructures and Properties of Aluminum-Copper Lap-Welded Joints by Cold Metal Transfer Technology, Engineering Materials, Vol. 17, Number 10, (2015), 1480–1485

[FET16] Fetzer, F.; Jarwitz, M.; Stritt, P.; Weber, R.; Graf, T.: Fine-tuned Remote Laser Welding of Aluminum to Copper with Local Beam Oscillation, Physics Procedia, Vol. 83, (2016), 455–462

[FRI01] Frigaard, Ø.; Grong, Ø.; Midling, O. T.: A Process Model for Friction Stir Welding of Age Hardening Aluminum Alloys, Metallurgical and Materials Transactions A, Vol. 32A, (2001), 1189–1200

[FUN71] Funamizu, Y.; Watanabe, K.: Interdiffusion in the Al-Cu System, Transactions of the Japan Institute of Metals, Vol. 12, (1971), 147–152

[GAL12] Galvao, I.; Verdera, D.; Gesto, D.; Loureiro, A.; Rodrigues, D. M.: Analysing the challenge of aluminum to copper FSW, Proceedings of 9th International Symposium on Friction Stir Welding, Huntsville, Alabama (2012)

[GEB07] Gebauer & Griller Kabelwerke Gesellschaft m.b.H.: Method for joining a connecting element to an electric conductor made of aluminium and electric conductor produced according to said method, EP 1730813 B1, Erfinder: Fröschl, K. F., (2007)

[GEN11] Genevois, C.; Girard, M.; Huneau, B.; Sauvage, X.; Racineux, G.: Interfacial Reaction during Friction Stir Welding of Al and Cu, Metallurgical and Materials Transactions A, Vol. 42A, (2011), 2290–2295

[GIN19] Gintrowski, G.; Reisgen, U.; Schiebahn, A.; Schmachtenberg, M.; Hibert, V.: Characteristics of resistance projection-welded aluminum-copper interconnects, Welding in the World, Vol. 63, 1593–1599, (2019)

[GÖB10] Göbel, G.; Kaspar, J.; Herrmannsdörfer, T.; Brenner, B.; Beyer, E.: Insights into intermetallic phases on pulse welded dissimilar metal joints, rocessings of the 4th International Conference on High Speed Forming, (2010)

[GOU11] Gould, J. E.: Mechanisms of Bonding for Solid-State Welding Processes, ASM Handbook, Welding Fundamentals and Processes, Vol. 6A, (2011), 1–8

[GUB12] Gubbels, G. H. M.; Kouters, M. H. M.; Dos Santos Ferreira, O.: Characterization of intermetallic compounds in Cu-Al ball bonds: Thermo-mechanical properties, interface delamination and corrosion, 4th Electronic System-Integration Technology Conference (ESTC), (2012)

[GUL08] Gulenc, B.: Investigation of interface properties and weldability of aluminum and copper plates by explosive welding method, Materials and Design, Vol. 29, (2008), 275–278

[GUO11] Guo, Y.; Liu, G.; Jin, H.; Shi, Z.; Qiao, G.: Intermetallic phase formation in diffusion-bonded Cu/Al laminates, Journal of Material Science, Vol. 46, Issue 8, (2011), 2467–2473

[HA+15] Han, Y.; Ben, L.; Yao, J.; Feng, S.; Wu, C.: Investigation on the interface of Cu/Al couples during isothermal heating, International Journal of Minerals, Metallurgy and Materials, Vol. 22, (2015)

[HAI12] Hailat, M. M.; Mian, A.; Chaudhury, Z. A.; Newaz, G.; Patwa, R.; Herfurth, H. J.: Laser micro-welding of aluminum and copper with and without tin foil alloy, Microsystem Technologies, Vol. 18, Issue 1, (2012), 103–112

[HAN15] Han, Y.; Ben, L.; Yao, J.; Wu, C.: Microstructural characterization of Cu/Al composites and effect of cooling rate at the Cu/Al interfacial region, International Journal of Minerals, Metallurgy and Materials, Vol. 22, (2015)

[HAN18] Gewichtseinsparung im Bordnetz durch Aluminiumleitungen von Aptiv; www.hanser-automotive.de/

[HEI13] Heidemann, R.; Johnson, C.; Kou, S.: Metallurgical analysis of Al/Cu friction stir spot welding, Science and Technology of Welding and Joining, Vol. 15, Issue 7, (2010)

[HOL17] Holzer, M.: Stoffschlüssiges Verbinden in der Batteriefertigung mittels Laserstrahlung, Technologieseminar Fügetechniken für die Batteriefertigung, Bayrisches Laserzentrum, (2017)

[HOF50] Hofe, H.; Hofmann, W.; Sottorf, S.: Die Verschweißung von Leitungsdrähten aus Kupfer
und Aluminium, Abhandlungen der Braunschweigischen Wissenschaftlichen Gesellschaft Band 2, (1950), 165–174

[HOF14] Hofmann, K.; Holzer, M.; Hugger, F.; Roth, S.; Schmidt, M.: Reliable copper and aluminum connections for high power applications in electromobility, Physics Procedia, Vol. 56, (2014), 601–609

[HUG11] Hug, E.; Bellido, N.: Brittleness study of intermetallic (Cu, Al) layers in copper-clad aluminium thin wires, Material Science and Engineering, Vol. 528, (2011), 7103–7106

[ILS16] Ilschner, B.; Singer, R. F.: Werkstoffwissenschaften und Fertigungstechnik – Eigenschaften, Vorgänge, Technologien, Springer Vieweg, 6. Auflage, (2016)

[INN14] Innovations- und Informationszentrum Schneiden und Fügen e.V.: Verfahren zum stoffschlüssigen Fügen eines Kabels mit einem Anschlusselement sowie konfiguriertes Kabel, DE 102013101876 B3, Erfinder: Harms, A.; Essers, M.; Reisgen, U. (2014)

[JIA93] Jiang, H. G: Interfacial reactions on annealing Cu/Al multilayer thin films, Journal of Applied Physics, Vol. 74, (1993), 6165

[KAW07] Kawakami, H.; Suzuki, J.; Nakajima, J.: Bonding process of Al/Cu dissimilar bonding with liquefaction in air, Welding International, Vol. 21, Issue 12, (2007), 836–843

[KLI14] Klima, S.: Bildung und Eigenschaften von intermetallischen Phasen in binären SnZn- und ternären SnZnAl-Lotlegierungen auf Cu/Ni/Au- und Cu/Sn-Metallisierungen unter Berücksichtigung des Lotvolumens, Technische Universität Berlin, Fakultät V – Verkehrs- und Maschinensysteme, 2014

[KOU13] Kouters, M. H. M.; Gubbels, G. H. M.; Dos Santos Ferreira, O.: Characterization of intermetallic compounds in Cu-Al ball bonds: Mechanical properties, interface delamination and thermal conductivity, Microelectronics Reliability, Vol. 53, (2013), 1068–1075

[KRA11] Kraetzsch, M.; Standfuss, J.; Klotzbach, A.; Kaspar, J.; Brenner, B.; Beyer, E.: Laser Beam Welding with High-Frequency Beam Oscillation: Welding of Dissimilar Materials with Brilliant Fiber Lasers, Physics Procedia, Vol. 12, (2011), 142–149

[LAW71] Lawson, W. H. S.; Kerr, H. W.: Mechanical Behavior of Rapidly Solidified AI-AI2Cu and AI-AlaNi Composites, Metallurgical Transactions, Vol. 2, (1971), 2853–2859

[LEE05] Lee, J. H.; Liu, S.; Trivedi, R.: The effect of fluid flow on eutectic growth, Metallurgical and Materials Transactions A, Vol. 36, (2015), 3111–3125

[LEI15] Leitz, A.: Laserstrahlschweißen von Kupfer- und Aluminiumwerkstoffen in Mischverbindung, Universität Stuttgart, Herbert Utz Verlag, Wissenschaft München, ISBN 978-3-8316-4549-7, (2015)

[LEO16] De Leon, M.; Shin, H. S.: Material flow behaviours during friction stir spot welding of lightweight alloys using pin and pinless tools, Science and Technology of Welding and Joining, Vol. 21, Issue 2, (2016), 140–146

[Li+09] Li, D.; Wang, Q; Liu, T.; Li, G.; He, J.: Growth of diffusion layers at liquid Al-solid Cu interface under uniform and gradient high magnetic field conditions, Materials Chemistry and Physics, Vol. 117, Issue 2, (2009), 504–510

[LI+14] Li, C.; Li, D.; Tao, X.; Chen, H.; Ouyang, Y.: Molecular dynamics simulation of diffusion bonding of Al-Cu interface, Modelling and Simulation in Materials Science and Engineering, Vol. 22, (2014)

[LIU11] Liu, H. J.; Shen, J. J.; Zhou, L.; Zhao, Y. Q.; Liu, C.; Kuang, L. Y.: Microstructural characterisation and mechanical properties of friction stir welded joints of aluminium alloy to copper, Science and Technology of Welding and Joining, Vol. 16, No. 1, (2011), 92–99

[LIU12] Liu, H. J.; Shen, J. J.; Xie, S.; Huang, X. Y.; Cui, F.; Liu, C.; Kuang, L. Y.: Weld appearance and microstructural characteristics of friction stir butt barrier welded joints of aluminium alloy to copper, Science and Technology of Welding and Joining, Vol. 17, No. 2, (2012), 104–110

[LIU13] Liu, L.; Ma, X.; Huang, Q.; Li, J.; Cheng, X.; Zhou, Y.: Solidification process and microstructure evolution of bulk undercooled Co-Sn alloys, Transactions of nonferrous Metals Society of China, Vol. 23, (2013), 289–293

[LIU16] Liu, T.; Wang, Q.; Sui, Y.; Wang, Q.; Ding, W.: An investigation into interface formation and mechanical properties of aluminum-copper bimetal by squeeze casting, Materials & Design, Vol. 89, (2016), 1137–1146

[LIU16]2 Liu, D.; Then, E.; Chen, H.; Wu, J.: Corrosion Behavior of Cu-Al Intermetallic Compounds in Copper Wire Bonding in Chloride-containing Accelerated Humidity Testing, IEEE 66th Electronic Components and Technology Conference, (2016)

[LIU17] Liu, J.; Cao, B.; Yang, J.: Effects of Vibration Amplitude on Microstructure Evolution and Mechanical Strength of Ultrasonic Spot Welded Cu/Al Joints, Metals, Vol. 17, (2017), 1–12

[LIY09] Liyanage, T.; Kilbourne, J.; Gerlich, A. P.; North, T. H.: Joint formation in dissimilar Al alloy/steel and Mg alloy/steel friction stir spot welds, Science and Technology of Welding and Joining, Vol. 14, No. 6, (2009), 500–508

[LOU16] Loureiro, A.; Mendes, R.; Ribeiro, J. B.; Leal, R. M.; Galvão, I.: Effect of explosive mixture on quality of explosive welds of copper to aluminium, Materials & Design, Vol. 95, (2016), 256–267

[MAI04] Mai, T. A.; Spowage, A. C.: Characterisation of dissimilar joints in laser welding of steel-kovar, copper-steel and copper-aluminium, Material Science and Engineering A, Vol. 374, (2004), 224–233

[MAO20] Mao, A.; Zhang, J.; Yao, S.; Wang, A.; Wang, W.; Li, Y.; Qiao, C.; Xie, J.; Jia, Y.: The diffusion behaviors at the Cu-Al solid-liquid interface: A molecular dynamics study, Results in Physics, Vol. 16, (2020)

[MAR05] Marya, M.; Marya, S.; Priem, D.: On The Characteristics of Electromagnetic Welds Between Aluminium and other Metals and Alloys, Welding in the World, Vol. 49, Issue 5–6, (2005), 74–84

[MAR17] Marstatt, R.; Krutzlinger, M.; Luderschmid, J.; Zaeh, M. F.; Haider, F.: Formation of a diffusion-based intermetallic interface layer in friction stir welded dissimilar Al-Cu lap joints, Materials Science and Engineering, Vol. 181, (2017)

[MAT11] Materialprüfungsanstalt Universität Stuttgart: Grundlegende Untersuchung zur Kontaktsituation beim Widerstandsschweißen von Kupferwerkstoffen, Stuttgart, AiF-Nr. 15710 N/1, DVS-Nr. 04.046, (2011)

[MOK14] Mokhtari, O.; Kim, M.; Nishikawa, H.; Kawashiro, F.; Itoh, S.; Maeda, T.; Hirose, T.; Eto, T.: Investigation of Formation and Growth Behavior of Cu/Al Intermetallic Compounds during Isothermal Aging, Transactions of The Japan Institute of Electronics Packaging, Vol. 7, (2014), 1–7

[NEX14] Nexans S. A.: Verfahren zum elektrisch leitenden Verbinden eines Kontaktteils mit einem elektrischen Leiter und zugehörige Anordnung, EP 2 735 397 A1, Erfinder: Steinberg, H.; Pedimonte, A.; Bergmann, J. P.; Schürer, R.; Müller, T., (2014)

[NEX16] Nexans S. A.: Verfahren zur Herstellung einer elektrisch wirksamen Kontaktstelle am Ende eines elektrischen Leiters, EP3109944 A1, Erfinder: Steinberg, H.; Bergmann, J. P., (2016)

[OBE90] Oberländer, T. F.: Ermittlung der Fließkurven und der Anisotropie-Eigenschaften metallischer Werkstoffe im Rastegaev-Stauchversuch, Berichte aus dem Institut für Umformtechnik der Universität Stuttgart, (1990)

[OST07] Ostermann, F.: Anwendungstechnologie Aluminium, Springer Verlag, Berlin Heidelberg, (2007)

[OTT16] Otten, C.; Reisgen, U.; Schmachtenberg, M.: Electron beam welding of aluminum to copper: mechanical properties and their relation to microstructure, Welding in the World, Vol. 60, (2016), 21–31

[OUY06] Ouyang, J.; Yarrapareddy, E.; Kovacevic, R.: Microstructural evolution in the friction stir welded 6061 aluminum alloy (T6-temper condition) to copper, Journals of Materials Processing Technology, Vol. 172, Issue 1, (2006), 110–122

[ÖZD12] Özdemir, U.; Sayer, S.; Yeni, C.: Effect of Pin Penetration Depth on the Mechanical Properties of Friction Stir Spot Welded Aluminum and Copper, Materials Testing, Vol. 54, (2012), 233–239

[PEL14] Pelzer, R.; Woehlert, S.; Koerner, H.; Khatibi, G.; Walter, J.: Growth behavior and physical response of Al-Cu intermetallic compounds, 2014 IEEE 16th Electronics Packaging Technology Conference (EPTC), (2014), 372–377

[PEN99] Peng, X. K.; Heness, G.; Yeung, W. Y.: Effect of rolling temperature on interface and bond strength development of roll bonded copper/aluminium metal laminates, Journal of Materials Science, Vol. 34, (1999), 277–281

[PET13] Petzoldt, F.; Bergmann, J. P.; Schürer, R.; Schneider, S.: Einfluss intermetallischer Phasen auf die Langzeitstabilität von ultraschallgeschweißten Kupfer-Aluminium-Kontakten, Metall, 67. Jahrgang, (2013)

[PET19] Keitel, S.; Broda, T.; Bergmann, J. P.; Regensburg, A.; Petzoldt, F.: Entwickeln eines Pressschweißverfahrens zum Fügen von Kupfer mit Aluminium durch die kontrollierte Bildung eines Eutektikums, AiF-Nr. IGF 19036 BR, (2019)

[PFE12] Pfeifer, S; Großmann, S.; Freudenberger, R.; Willing, H.; Kappl, H.: Characterization of Intermetallic Compounds in Al-Cu-Bimetallic Interfaces, IEEE 58th Holm Conference on Electrical Contacts, (2012), 1–6.

[PFE15] Pfeifer, S.: Einfluss intermetallischer Phasen der Systeme Al-Cu und Al-Ag auf den Widerstand stromtragender Verbindungen im Temperaturbereich von 90 °C bis 200 °C, Technische Universität Dresden, (2015)

[POP16] Popov, V. L.: Kontaktmechanik und Reibung: Von der Nanotribologie bis zur Erdbebendynamik, Springer Verlag, (2016)

[POR92] Porter, D. A.; Easterling, K. E.: Phase Transformations in Metals and Alloys, Springer-Science+Business Media, B. Y., ISBN 978-0-442-31638-9, (1992)

[QUA00] Quaresma, J. M. V.; Santos, C. A.; Garcia, A.: Correlation between Unsteady-State Solidification Conditions, Dendrite Spacings, and Mechanical Properties of Al-Cu Alloys, Metallurgical and Materials Transactions A, Vol. 31, Issue 12, (2000), 3167–3178

[RAA15] Raab, M.: Untersuchungen zum Torsional-Ultraschallschweißen von Kupfer-Aluminium-Mischverbindungen, Technische Universität Ilmenau, (2015)

[RAO15] Raoelison, R. N.; Sapanathan, T.; Buiron, N.; Rachik, M.: Magnetic pulse welding of Al/Al and Al/Cu metal pairs: Consequences of the dissimilar combination on the interfacial behavior during the welding process, Journal of Manufacturing Processes, Vol. 20, (2015), 112–127

[REB16] Rebensdorf, A.; Böhm, S.: Magnetimpulsschweißen von Kupferlegierungen, Metall, 70. Jahrgang, (2016)

[REG17] Regensburg, A.; Hellwig, P.; Petzoldt, F.; Schürer, R.; Bergmann, J. P.: Effect of local preheating during ultrasonic welding of Al-Cu joints on strand compaction and bond formation, Welding in the World, Vol. 61, (2017)

[REG17]2 Regensburg, A.; Gerken, J. A.; Steinberg, H.; Schürer, R.; Bergmann, J. P.: A Novel Approach for Joining EN AW 1050 Stranded Wire and EN CW 004A Contact Elements by Friction Stir Spot Bonding, Friction Stir Welding and Processing IX, The Minerals, Metals & Materials Series, (2017)

[RES15] Reske, K. P.: Langzeitverhalten von Schweißverbindungen mit Aluminiumleitungen für Hybrid- und Elektrofahrzeuge, Technische Universität München, Lehrstuhl für Hochspannungs- und Anlagentechnik, (2015)

[ROO10] Roos, A: Grundlegende Untersuchung über ein neues Schweißverfahren namens HFDB (Hybrid Friction Diffusion Bonding), GKSS-Forschungszentrum Geesthacht GmbH, Geesthacht, (2010), ISSN 0344-9629

[SAE10] Saeid, T.; Abdollah-Zadeh, A.; Sazgari, B.: Weldability and mechanical properties of dissimilar aluminum-copper lap joints made by friction stir welding, Journal of Alloys and Compounds, Vol. 490, (2010), 652–655

[SAH10] Sahin, M.: Joining of aluminium and copper materials with friction welding, The International Journal of Advanced Manufacturing Technology, Vol. 49, Issue 5–8, 527–534, (2010)

[SCH15] Schmidt, A.: Laserstrahlschweißen elektrischer Kontakte von Lithium-Ionen-Batterien in Elektro- und Hybridfahrzeugen, Lehrstuhl für Werkzeugmaschinen und Fertigungstechnik am Institut für Werkzeugmaschinen und Betriebswissenschaften (iwb), Technische Universität München, (2015)

[SCH16] Schmalen, P.; Plapper, P.: Evaluation of laser braze-welded dissimilar Al-Cu joints, Physics Procedia Vol. 83, (2016), 506–514

[SCH18] Schmalen, P.; Plapper, P.; Peral, I.; Titov, I.; Vallcorba, O.; Rius, J: Composition and phases in laser welded Al-Cu joints by synchrotron x-ray microdiffraction, 10th CIRP Conference on Photonic Technologies, Vol. 74, (2018), 27–32

[SCH74] Schulz, E. G.: Metallphysik, Springer-Verlag, Wien, (1974)

[SCH78] Schatt, W.: Einführung in die Werkstoffwissenschaft, Deutscher Verlag für Grundstoffindustrie, Leipzig, (1978), ISBN 152-915/52/79

[SHE14] Shen, J.; Suhuddin, U. F. H.; Cardillo, M. E. B.; Dos Santos, J. F.: Eutectic structures in friction spot welding joint of aluminum alloy to copper, Applied Physics Letters, Vol. 104, (2014)

[SID17] Siddarth, S.; Senthilkumar, T.: Study of tool penetration behavior in dissimilar Al5083/C10100 friction stir spot welds, Procedia Engineering, Vol. 173, (2017), 1439–1446

[SIE09] Siemens AG: Verfahren zur Verbindung mehrerer Teile durch Kaltgasspritzen, DE102008003616A1, Erfinder: Schneider, H. I., (2009)

[SOB11] Sobczak, J. J.; Drenchev, L.; Asthana, R.: Effect of pressure on solidification of metallic materials, International Journal of Cast Metals Research, Vol. 25, (2012), 1–14

[SOL14] Solchenbach, T.; Plapper, P.; Cai, W.: Electrical performance of laser braze-welded aluminum-copper interconnects, Journal of Manufacturing Processes, Vol. 16, Issue 2, (2014), 183–189

[SOL14]2 Solchenbach, T.; Plapper, P.; Greger, M.; Biagi, J. L.; Bour, J.; Bomfim, J. O. A.: Thermal and electrical aging of laser braze-welded aluminum-copper interconnects, Translational Materials Research, Vol. 1, (2014), 1–15

[SOU00] Sous, S.: Instationäre Erstarrung eutektischer Al-Si Legierungen. Rheinisch-Westfälische Technische Hochschule Aachen: Dissertation, (2000)

[STA10] Standfuß, J.: Laserstrahlschweißen von Mischverbindungen, Fraunhofer IWS Jahresbericht 2010, (2010), 38–39

[SUN08] Sun, S. H, Li, J., Zhao, Y. W., Zhao, H. L., Xu, R., Liu, R. P. Study on eutectic transformation in Al-Cu alloys under 5 GPa pressure condition. Physical Testing and Chemical Analysis Part A, Vol. 44, (2008), 465–466

[STR93] August Strecker GmbH & Co KG: Schweißspannbackenanordnung für eine Schweißspannvorrichtung, insbesondere zur Widerstands-Pressstumpfschweißung, DE3513825 C2, Erfinder: Krämer, O., (1993)

[TAK39] Takase, T.: On the Volume Changes of Pure Aluminium, Al-Cu and Al-Si Alloys during Solidification, Journal of the Japan Institute of Metals, Vol. 3, No. 2, (1939), 53–59

[TAV16] Tavassoli, S.; Abbasi, M.; Tahavvori, R.: Controlling of IMCs layers formation sequence, bond strength and electrical resistance in Al\\Cu bimetal compound casting process, Materials and Design, Vol. 108, (2016), 343–353

[TEL14] Telsonic Holding AG: Verfahren zum Verbinden eines Rohrkabelschuhs mit einer aus Aluminium hergestellten Litze, DE102013212331A1, Erfinder: Regenberg, C., (2014)

[TIW12] Tiwary, C. S.; Mahapatra, D. R.; Chattopadhyay, K.: Effect of length scale on mechanical properties of Al-Cu eutectic alloy, Applied Physics Letters, Vol. 101, (2012)

[THI62] Thiele, W.: Die Oxidation von Aluminium und Aluminium-Legierungs- Schmelzen, Aluminium 38, (1962)

[VOR67] N. M. Voropai, N. M.; Shinyaev, A. Y.: Influence of heating on diffusion processes and properties of bimetallic joints of aluminum and copper, Metal Science and Heat Treatment, Vol. 9, (1967), 926–927

[WAL16] Walter, D.; Moldovan, V. R.; Schmieder, B.: Laserschweißen im Überlapp (Wobbling) verspricht günstigere Lithium-Ionen-Batterien, https://www.manz.com/de/, Manz AG, (2016)

[WAL77] Wallach, E. R.; Davies, G. J.: Mechanical properties of aluminium-copper solidphase welds, Metals Technology, Vol. 4, (1977), 183–190

[WAN11] Wanjara, P.; Dalgaard, E.; Trigo, G.; Mandache, C.; Comeau, G.; Jonas, J. J.: Linear friction welding of Al-Cu: Part 1 – Process evaluation, The Canadian Journal of Metallurgy and Materials Science, Vol. 50, (2011), 350–359

[WAN14] Wang, T.; Cao, F.; Zhou, P.; Kang, H.; Chen, Z.; Fu, Y.; Xiao, T.; Huang, W.; Yuan, Q.: Study on diffusion behavior and microstructural evolution of Al/Cu bimetal interface by synchrotron X-ray radiography, Journal of Alloys and Compounds, Vol. 616, (2014), 550–555

[WAN15] Wang, X.; Gu, Y.; Qui, T.; Ma, Y.; Zhang, D.; Liu, H.: An experimental and numerical study of laser impact spot welding, Materials and Design, Vol. 65, (2015), 1143–1152

[WAN17] Wang, X. G.; Yan, F. J.; Li, X. G.; Wang, C. G.: Induction diffusion brazing of copper to aluminium, Science and Technology of Welding and Joining, Vol. 22, Issue 2, (2017), 170–175

[WAN17]$_2$ Wang, X.; Huang, T.; Luo, Y.; Liu, H.: Laser Indirect Shock Welding of Fine Wire to Metal Sheet, Materials, Vol. 10, (2017), 1–13

[WAT71] Watts, B. M.; Stowell, M. J.: The Variation in Flow Stress and Microstructure during Superplastic Deformation of the Al-Cu Eutectic, Journal of Material Science, Vol. 6, (1971), 228–237

[WEB15] Weberpals, J. P.; Schmidt, P. A.; Böhm, D.; Müller, S.: Advantages and challenges of dissimilar materials in automotive lightweight construction, Proceedings of SPIE 9356, High-Power Laser Materials Processing: Lasers, Beam Delivery, Diagnostics, and Applications IV, (2015)

[WEI11] Weigl, M.; Albert, F.; Schmidt, M: Enhancing the Ductility of Laser-Welded Copper-Aluminum Connections by using Adapted Filler Materials, Physics Procedia, Vol. 12, (2011), 332–338

[WEI15] Wei, A.; Li, J.; Xiong, J.; Zhang, F.: Investigation of interdiffusion and intermetallic compounds in Al-Cu joint produced by continuous drive friction welding, Engineering Science and Technology, an International Journal, Vol. 19, Issue 1, (2016), 90–95

[WOR11] Worch, H.; Pompe, W.; Schatt, W.: Werkstoffwissenschaft, Wiley-VCH Verlag GmbH & Co. KGaA, Weinheim, (2011)

[WU+07] Wu, M. F.; Yu, C.; Pu, J: Study on microstructures and grain boundary penetration behaviours in contact reactive brazing joints of 6063 Al alloy, Materials Science and Technology, Vol. 24, (2008)

[WU+14] Wu, X.; Shang, J.: An Investigation of Magnetic Pulse Welding of Al/Cu and Interface Characterization, Journal of Manufacturing Science and Engineering, Vol. 136, (2014), 1–11

[WU+15] Wu, X.; Liu, T.; Cai, W.: Microstructure, welding mechanism, and failure of Al/Cu ultrasonic welds, Journal of Manufacturing Processes, Vol. 20, Part 1, (2015), 321–331

[WUL04] Wulff, F. W.; Breach, C. D.; Saraswati, D. S.; Dittmer, K. J.: Characterisation of Intermetallic Growth in Copper and Gold Ball Bonds on Aluminium Metallisation, Proceedings of 6th Electronics Packaging Technology Conference, (2004), 348–353

[XU+10] Xu, H.; Liu, C.; Silberschmidt, V. V.; Chen, Z: Growth of Intermetallic Compounds in Thermosonic Copper Wire Bonding on Aluminum Metallization

[XU+11] Xu, H.; Liu, C.; Silberschmidt, V. V.; Pramana, S. S.; White, T. J.; Chen, Z.; Acoff, V. L.: Behavior of aluminum oxide, intermetallics and voids in Cu-Al wire bonds, Acta Materialia, Vol. 59, (2011), 5661–5673

[XU+11]2 Xu, B.; Tong, W.P.; Liu, C.Z.; Zhang, H.; Zuo, L.; He, J.C.: Effect of High Magnetic Field on Growth Behavior of Compound Layers during Reactive Diffusion between Solid Cu and Liquid Al, Journal of Materials Science & Technology, Vol. 27, (2011), 856–860

[XUE10] Xue, P.; Xiao, B. L.; Wang, D.; Ma, Z. Y.: Enhanced mechanical properties of friction stir welded dissimilar Al-Cu joint by intermetallic compounds, Materials Science and Engineering, Vol. 527, (2010), 5723–5727

[XUE11] Xue, P.; Xiao, B. L.; Wang, D.; Ma, Z. Y.: Achieving high property friction stir welded aluminium/copper lap joint at low heat input, Science and Technology of Welding and Joining, Vol. 16, No. 8, (2011), 657–661

[XUE13] Xue, Z.; Hu, S.; Zuo, D.; Cai, W.; Lee, D.; Kannatey-Asibu, E.: Molten pool characterization of laser lap welded copper and aluminum, Journal of applied Physics, Vol. 46, (2013), 1–9

[XUE14] Xue, Z.; Shengsun, H.; Di, Z.; Junqi, S.: Correlation Between Process Parameters and Primary Dendrite Arm Spacing in Laser Welding of Cu and Al, Transactions of Tianjin University, Vol. 20, No. 5, (2014), 315–321

[YAN10] Yang, Q; Mironov, S.; Sato, Y. S., Okamoto, K.: Material flow during friction stir spot welding, Materials Science and Engineering A, Vol. 527, (2010), 4389–4398

[YAN15] Yang, J.; Cao, B.: Investigation of resistance heat assisted ultrasonic welding of 6061 aluminum alloys to pure copper, Materials and Design, Vol. 74, (2015), 19–24

[YIR01] Yiryu, Q.; Zhangui, D.; Xin, M.: Penetrating behavior of eutectic liquid during Al/Cu contact reactive brazing, Transactions of Nonferrous Metals Society of China, Vol. 11, (2001), 664–666

[YUA10] Yuan, L; Lee, P. D.: Dendritic solidification under natural and forced convection in binary alloys: 2D versus 3D simulation, Modelling and Simulation in Materials Science and Engineering, Vol. 18, (2010), 1–13

[ZHA10] Zhang, H.; Cao, J.; Lu, H.: Interfacial microstructure and phase constitution of the Cu/Al dissimilar metals joint made by contact reactive brazing, Advanced Materials Research, Vol. 97–101, (2010), 3891–3894

[ZHA13] Zhao, Y. Y.; Li, D.; Zhang, Y. S.: Effect of welding energy on interface zone of Al-Cu ultrasonic welded joint, Science and Technology of Welding and Joining, Vol. 18, No. 4, (2013), 354–360

[ZHA14] Effects of processing parameters and Ca content on microstructure and mechanical properties of squeeze casting AZ91-Ca alloys, Materials Science and Engineering: A, Vol. 595, (2014), 109–117.

[ZHA15] Zhang, Q.; Gong, W.; Liu, W.: Microstructure and mechanical properties of dissimilar Al-Cu joints by friction stir welding, Transactions of Nonferrous Metals Society in China, Vol. 25, (2015), 1779–1786

[ZHA17] Zhang, Z.; Wang, K.; Li, J.; Yu, Q.; Cai, Q.: Investigation of Interfacial Layer for Ultrasonic Spot Welded Aluminum to Copper Joints, Nature, Scientific Reports, Vol. 7, (2017), 1–6

[ZLA20] Zlatanovic, D.L.; Balos, S.; Bergmann, J.P.; Köhler, T.; Grätzel, M.; Sidjanin, L.; Goel, S.: An experimental study on lap joining of multiple sheets of aluminium alloy (AA 5754) using friction stir spot welding, The International Journal of Advanced Manufacturing Technology, Vol. 107, 3093–3107

Abbildungsverzeichnis

Tabellenverzeichnis

Abkürzungsverzeichnis

Abkürzung	Bezeichnung
Al	Aluminium
CMT	Cold Metal Transfer
Cu	Kupfer
CVD	Chemical Vapour Deposition
FSW	Friction Stir Welding
FSSW	Friction Stir Spot Welding
HFDB	Hybrid Friction Diffusion Bonding
HFEB	Hybrid Friction Eutectic Bonding
IMC	Intermetallic Compound
IMP	Intermetallische Phase
PVD	Physical Vapour Deposition
TLPB	Transient Liquid Phase Bonding
XRD	X-Ray Diffraction

Formelverzeichnis

Abkürzung	Bezeichnung	Einheit
A	Fläche	m^2
c	Konzentration	%
D	Diffusionskoeffizient	m^2/s
D_0	Diffusionskonstante	m^2/s
E	Schweißenergie	J
F	Kraft	N
HV	Vickershärte	HV
M	Drehmoment	Nm
n	Stoffmenge	mol
n	Drehzahl	U/min
p	Druck	N/mm^2
R	Gaskonstante	J/mol K
s	Eintauchweg	mm
σ_F	Fließspannung	N/mm^2
T	Temperatur	°C
T_E	Eutektische Temperatur	°C
T_S	Schmelztemperatur	°C
t	Zeit	s
Q	Wärme	J
Q_A	Aktivierungsenergie	J
v	Eintauchgeschwindigkeit	mm/min
v_R	Bahngeschwindigkeit	mm/s
ω	Winkelgeschwindigkeit	rad/s